星際傳訊 STU11103

外星百科全書

跨出地球的第一步

廖日昇◎著

本書內容涵蓋宇宙以及地球的星際歷史，
以及外星人生活，性生活、飲食、
作息、溝通……等等。您想知道哪一些是
友善的外星人、哪些是邪惡的外星人嗎？
想一探被外星人綁架者的眞實經歷嗎？
人類如何跳脫外星人控制的精神手段呢？！
身處外星時代的你不可不知！舉凡外星種類、
UFO動力、外星科技等等本書一應俱全。

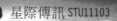

目次

推薦序一　厲害了本書作者／呂尚　009
推薦序二　人類缺失的記憶—貫徹整個宇宙的星系歷史／劉原超　011
推薦序三　四海之內皆兄弟乎？／周健　013
序言　019
第一章　來歷不明的宇宙——人類與外星人交錯影響的歷史　021
人類短短幾十年的壽命，對比這浩瀚的宇宙只能說是微乎其微。從宇宙誕生、地球誕生、人類誕生、外星生命誕生，以及人類與外星生命之間錯綜複雜的關係等等，無一不處處透漏著這世界的奧妙。從七五〇〇萬年前的星際聯邦開始，到現在人類逐漸嶄露頭角邁向宇宙，期間歷經了的總總是一般人想像不到的事件……
1.古代星際史　022
2.應對外星人機構的成立　023
3.外星大使與秘密條約　025
4.違反條約的外星人　026
5.反灰人武器的初步研製與衝突　028
6.對外星文明的探索　030
7.面對擴張性集體制文明　031
8.安德羅—昴宿星聯盟與德科拉—獵戶帝國主義者的對決　033

第二章　遙視窺探——外星人想隱藏的秘密　039

作為僅靠肉眼視物的人類來說，遙視是一項極為重要的能力。無論是用於觀看地球上外星人遺留下來的古物、亦或是窺探外星生命在其他星球的一舉一動都非常實用。施瓦茨集結了一群擁有遙視能力的人，就是為了要一探究竟對方想隱藏的秘密……

1. 遙視的新發現　040
2. 可疑的地下基地與外星人傳說　045
3. 蛇族與巨人的傳說　050

第三章　潛伏在身邊的外星生物——你認識的人是「人」嗎？　055

在這宇宙的歷史裡，除了人形生物之外，還有許多其他不同形式的外星生命。大部分人形生物還是處於文明低端的狀態，而少部分則已經進化，這些人如昴宿星人、南河人、高灰人、小灰人等，他們已在人形生物的歷史中占有一席之地……

1. 披著人皮的「生物」　055
2. 光滑皮膚的類人生物　062
3. 其他皮膚光滑的類人生物　070
4. 鱗片狀粗糙皮膚的爬行動物　071
5. 外星人的性器官　074

6. 外星人的飲食 075
7. 外星人的建築 076
8. 外星UFO動力 077
9. 外星UFO墜毀 079

第四章 誰能夠接觸外星人——秘密研發外星超高科技 081

根據某份由外星人與美國簽訂的協議中，雙方各自從對方獲取對自身有利的事物，並用一些規範加以限制。然而，外星人似乎不怎麼把這些規範當一回事，美國各州各地出現越來越多的綁架事件。事情似乎有逐漸失去控制的跡象……

1. 外星研究小組 082
2. 與外星人打交道的政府項目 084
3. 外星人的絕密科技 087
4. 美國政府的機密技術 095
5. 與外星人通信的閃光計劃 098

第五章 如何精神控制人類——外星人高科技手段解析 103

精神控制是一項非常可怕的能力，它不僅僅能夠單純的控制思想、甚至還能藉他人之手達到想要的目的。更駭人的是，外星人有能力讓受操控之人、忘卻所有曾經相關的記憶。這其中最常用到的方法就是在人體內植入物體……

1. 爬蟲種族的起源 103
2. 外星人綁架與取樣過程 107
3. 被外星人受孕 111
4. 遺傳密碼秘密修改 113
5. 多層次外星人操縱的影響 114
6. 快速灌輸過程 117
7. MK-Ultra 計劃 118
8. 植入物的的早期歷史 122
9. 外星人植入物的案例 126
10. 對外星人植入物的科學分析 128

第六章 外星人綁架真實案例——受害者親身經歷的描述 133

在美國的窮鄉僻壤之地，綁架事件層出不窮。大多數的綁架案例到最後都不了了之，只有幾名成功逃脫、亦或是有幸被外星人釋放。這其中，邁娜與克里斯塔就是其中的受害者之一……

1. 邁娜・漢森綁架案 133
2. MILAB 與克里斯塔・蒂爾頓的外星混種女兒 141

第七章 外星種族北歐人——協助人類抵禦邪惡外星人的人形外星人 153

除了披著羊皮的狼、也就是灰人、天龍人等等不友善的外星人之外，也有友善的外星人、如北歐人、仙女座人等，一直在協助人類。如何辨別出友善的外星人及遠離邪惡外星人的誘惑，是目前人類面臨的一大課題……

1. 暫定性結論 154
2. 北歐人生理學 157
3. 昴宿星人與高大白外星人 161

第八章 一覽道西基地內部設施——克里斯塔的奇聞異錄 167

位於美國新墨西哥州、阿丘萊塔台地附近的道西基地，人們對它一直以來都所知甚少。直至一九七〇年代後期，才開始慢慢地被人揭發、爆料。如今，道西基地已被認為是一個非常重要及與外星人密不可分的一個基地……

1. 克里斯塔·蒂爾頓的見證 167
2. 其他見證人的所見所聞 182

第九章 曝光道西基地秘密計畫——不為人知的外星陰謀 185

據信在道西基地周圍，有大量動物殘割事件。道西基地裡，也有好幾層地下秘密設施。每一層都有所不同，且都與外星人有關。布蘭頓等數人於一九八八年四月十九日抵達道西，拜訪了加布．瓦爾迪茲，並詢問有關該地區地下外星人基地的目擊事件、殘割和謠言……

1. 充滿迷霧的道西地區 186
2. 牛體與人體殘割 189
3. 欺瞞與MJ-12的初期運作 193
4. 神秘的黑色直升機 197
5. 布蘭頓與道西地區的探訪 200

懷念 215

推薦序一　厲害了本書作者

閱完本書準備寫序，突然令我想到大陸人常用的「厲害了我的國」，真可以套用在這本書上，「厲害了本書作者」，真的是一本外星人百科全書，內容豐富得令人驚奇。

個人從民國六十四年八月翻譯出版第一本《不明飛行物》之後，便一頭栽入這個「飛碟外星人、史前外星文明奧秘」的神秘領域，不僅帶動台灣飛碟熱潮，也讓傳媒稱我為「台灣幽浮研究教父」。迄至二〇二〇年九月出版《外星研究權威的第一手資料》一書，總共出版三十六部外星人幽浮類書籍，以及十四部天文類書籍。

因此，我對電視媒體報導什麼地方出現飛碟、什麼人拍到飛碟照片、外國的外星人綁架案例等等主題，都不感興趣。回想民國六十六至七十年之間，當時只有台視、中視、華視三台，邀請我上電視談飛碟外星人的節目很多，而且都是主持人與我兩人深入訪談，這樣才能帶給觀眾有深度的觀點。然而，現代是什麼時代了，現在的媒體還停留在談膚淺的外星人問題，這也是十年來我不再上電視談飛碟的原因。

然而本書竟然會提到：女性被綁架者進行人工授精的幾種替代組合，以及北歐人的內臟器官等等主題，我就覺得大開眼界了。又談到外星人用高科技手段來精神控制人類，這是非常嚴重的問題，地球人必須深思。另外，精彩的是提到「第四和第五維度的人員控制第三維度的活動」，「我們生活在一個由十個維度組成的宇宙，它包含九個空間和一個時間。但在地球上，我們只使用四個維度，它包含三個空間和一個時間」，這可是高深的物理學論題，也是很多科學家正在研究的。

很驚訝的是本書也說及「長壽的秘訣在於細胞的修復」，可以使用：改變腎上腺素、改變去甲腎上腺素，使用氯苯胺（Cordrazyne）或皮質醇（Cortropinex）等方法，這也是值得生物醫學界學者來深入研究的主題，可以造福人類。

總之，光是前面這幾個主題，就值得閱讀這本書了。

不過我也經常遇到一些人好奇的問：「要如何面對外星人？」我只有簡單分析：一、如果是善意的外星人，他們來地球不是侵略，就根本不用擔心害怕他們的到來，舒服過日子就好了；二、如果是惡意的外星人，他們科技一定比我們高，想要毀滅我們，地球人根本跑不掉，現在舒服過日子就好了。

所以，多了解外星人主題就好了。

呂尚（台灣飛碟學會創會理事長）

推薦序二　人類缺失的記憶——貫徹整個宇宙的星系歷史

俗話說，Seeing is believing，眼見為憑，親眼所見的就是真相。

「但，你確定你所見的，就一定是真相嗎？

而，你眼所不見的，就一定不是真相嗎？」

這是一個值得每個人都去深思的問題。

二〇二一年四月，知名無廠半導體公司ＮＶＤＩＡ，在GTC 2021發表會釋出了一段短片，吸引了眾人的目光。影片中可以看到執行長黃仁勳出現在熟悉的廚房場景中，介紹一款ＡＲＭ架構的處理器Grace。影片釋出後，眾人都沒有發現影片裡有任何不和諧的地方。

而就在時隔4個月左右，二〇二一年八月時ＮＶＤＩＡ重磅爆料，該影片裡熟悉的廚房背景其實是靠幕後團隊一手打造。更驚人的是，連影片中執行長這個靈魂人物，有長達14秒的時間是用電腦ＡＩ合成。

就如同這本《外星百科全書：跨出地球的第一步》，裡面有許多驚奇的內容令人大開眼界。你所見到的真相，不一定就是你所想像的那樣，背後有更多錯綜複雜的內幕。以這個人類社會來說，生為人類的你，你能確定你周遭的人是「人」嗎？你所見到人的形體，會不會像那個影片一樣，是由其他東西構成的個體呢？！

繼前兩本著作《外星生活大傳奇》與《外星科技大解密》後，作者更在書中展現了更多一般人從未聽聞的各種事物。不用說對那些一般沒有接觸外星議題的人、對那些略有涉略的人來說，這本書更像是飯後甜點一樣，是一定要品嘗的美味佳餚。

無論是外星遙視技能、外星人生活、道西基地戰爭……等等，無疑都打破了一般人的思想範疇與認知。在不久的將來，相信外星領域會逐漸地被眾人所接受。

目前在世界上已經有幾所大學針對外星的研究開課，譬如歐洲排名第7的英國頂尖名校「英國愛丁堡大學」(The University of Edinburgh) 是英國第一所開設搜尋外星人課程的大學，二〇一二年七月份開設了「搜尋外星人」的課程。還有土耳其安塔利亞省的阿肯丹斯大學（Akdeniz University），開設了「飛碟與外星政治學」的課程。土耳其會在10－15年內派出代表，公開與外星人會面交流，課程內容主要是讓學生做好迎接外星文明的準備。在美國開設相關探討外星課程與科系，有高中及大學。美國華盛頓大學（University of Washington）早就有設立一個培養專門研究外星人課題的博士班。美國柏克萊加州大學（University of California, Berkeley）在二〇一五年九月就開設一門名為「宇宙交際語言」的選修課，講授如何設計「宇宙語言」（Cosmic Language）以及如何用它與外星人聯繫，此外，康奈爾大學（Cornell University）、普林斯頓大學（Princeton University）和加州州立大學（California State University）也計畫提供這種選修課。

以一〇二二年的人們眼界，不會想到二〇二二年科技的發達。

那二〇二二年的我們，又怎麼去看待三〇二二年的一切呢？

一切，皆有可能。

美國密西西北大學博士（一九八九）

曾任桃園美國學校校長及大學教授——劉原超

推薦序三　四海之內皆兄弟乎？

題辭：

"How is it that hardly any major religion has looked at science and concluded, 'This is better than we thought! The Universe is much bigger than our prophets said, grander, more subtle, more elegant'?"

~Carl Sagan (1934—1996)~

人為宇宙之子，卻對宇宙的實相一知半解。地球的上一次（可能有n次）文明和地外文明（extraterrestrial civilization），一直是很夯的議題。人類、類人類（政壇上最多）與非人類，共建璀璨的文明，但卻非均具有原創性，外星高等文明的介入不著痕跡，從基因改造到控制心智，實際上無所不在。文明的層創進化，並非漸進式，而係跳躍式，每個世紀所累積的廣度與深度並非均等。

宗教是文明的母胎，而各大宗教的神祕教派，幾乎都跟外星生物「有染」。泛靈論（animism, 萬物有靈論）認為有情世界的萬物，似乎皆有靈，但其界限如何判定？朝生暮死的浮游生物（plankton）、細菌、病毒、草本和木本植物，到底有無靈魂？是否均涵蓋在六道輪迴之中？地外文明有無宗教信仰？對地球上各宗教所崇拜的神明，是否應作比較研究？能否在神譜（theogony）之中定位？

某些宗教所宣稱的創造神，是否為地位最高的神明？全球人口持續增長，已達80億，但某些宗教的信徒卻急速下滑，道德教條改變不了現狀，譬如向居無定所的遊民推銷「阿彌陀佛」、「耶穌愛你」、

「真主偉大」，有何實質的意義？

若秉持陰謀論，你所看到的世界，將不是一個真實的世界，好像在任何時空，都有潛在的陰謀在運作。古希臘哲學中的懷疑論（skepticism）者，懷疑一切知識的可能性，「天地山河，唯心所造」，若走向極端，則會出現「我懷疑一切，但對於我現在正在懷疑一切的態度不懷疑。」的奇特論述，在流變（becoming）的宇宙萬象中，如何捕捉不變（being）的現象？

外星生物（或生命）約略區分為八大類，共有170個物種。不論顏值如何，君不見，均為直立狀生物，結論是高等生物必須要能站立，而非在地上爬行。從古埃及、中國的《山海經》，到全球各民族的神話，多言及半人半獸的人類。蜥蜴人和螳螂人是最火紅的主角，假如突然跟閣下邂逅，驚嚇指數可能破表。

最早定居在人類「文明的搖籃」（cradle of civilization）—美索不達米亞（Mesopotamia）的蘇美（爾）人（Sumerians），自稱黑頭人，既非印歐民族（Indo — European），亦非閃族（Semite），曾遺留一百餘種發明物，如：楔形文字（cuneiform）、陰曆、60進位、圓周360度、輪子，卻來去成謎。

波斯灣出現魚形直立生物「歐亞耐斯」，乃水陸兩棲，不需食物，白天教導人類，晚間潛入海中。令人驚訝之處，在彼等的壽命。言及大洪水發生在距今一萬三千年前，而在大洪水之前，是由十位國王統治四十三萬二千年，如：半人半魚的阿魯利姆在位二萬八千八百年，杜木茲在位三萬六千年，真可稱為「萬歲爺」。

相傳彭祖享壽八百歲，《聖經：舊約全書》之中，那些金光閃閃的名人（如：亞當、夏娃、挪亞）均存活數百年，跟蘇美諸王相比，堪稱「小巫見大巫」。古埃及文明跟蘇美文明相比，猶若小弟。蘇美人奠定兩河流域文明的基礎，而其語言類似漢語，是否來自遠東？

二十世紀，許多美國總統秘密與外星生物締約和交換情報，如今部分已真相大白。人類嶄新的高科技發明，部分傳承自外星科技。外星生物似乎對地球瞭若指掌，將地球當作殖民地或溫室。喬治・歐（威）爾（George Orwell, 1903-1950）在其名著《一九八四》中，預示未來世界的監視器將無所不在，掌握所有行動的細節，讓人人「無所逃於天地之間」，咱們是否越來越文明？能充分享受毫無禁忌的絕對自由嗎？

被禁忌的考古學和歷史學，常遭受學院派的圍剿。NASA會派人前往西亞和北非，研究古文明的奧秘，試圖探索嶄新的線索。自我封閉在象牙塔中的學者，視外星生物和幽浮，乃天方夜譚式的幻覺。咱們和彼等的關係，可謂「你泥中有我，我泥中有你」。

人類並非孤獨的存在，平日靠人際關係的互動來刷存在感，只有在步向生命的終點時，才真正感覺到孤立無援。宗教和法律，乃統治階級洗腦和控制被統治階級的工具。每言及「世界警察」──美利堅合眾國，常跟外星生物打交道，並非江湖上捕風捉影的傳聞。地下生物常出現於神話和傳說之中，甚至寫入童話和鄉野傳奇裡，成為創作者的靈感泉源。

凡是聖山、聖河、聖湖和聖井的所在，通常磁場特別強烈。美國加州的薛斯塔山（Mt. Shasta），是印第安人的聖山，相傳地下有特洛西人（Telosians）活動。凡登山迷路者，有時會遇見穿著斗篷的美女，手持懸吊的三角形水晶，指引迷路者下山。

草民在國外的寺廟和教堂，曾目睹有些信徒出現神魂超拔（ecstasy）狀況。唯物論者視為是幻覺、自我暗示或惡靈附身，那麼跟外星生物心電感應，當可肇因是睡眠不足，而導致的精神錯亂。有靈異體質者宣稱，透過超越冥想法（transcendental meditation, TM），可追溯至宇宙誕生的剎那，以印證大霹靂說（big bang theory, 宇宙起源大爆炸論）的可能性。

歷史具不可逆性「逝者如斯夫，不舍晝夜。」（《論語・子罕》）。歷史巨流，浩浩蕩蕩，總是流失者多，被撈起者少。基於宗教、道德、種族和政治因素，必須要將不可曝光的秘密埋入墳場，一如個人的隱私，將跟天地同朽。有關地外文明的一切，對人類數千年累積的知識體系（syntax of knowledge）、思想體系（syntax of thought）和價值觀（values）的衝擊極大。文化震盪（culture shock）的壓力如果過大，將毫無招架之力，諸神之間的戰爭（theomachy），恐怕會導致全面的毀滅。

甘迺迪暗殺事件，發生於一九六三年，相關的調查報告，要到75年以後，即二〇三八年，才能全部公開。而所有關於第二次世界大戰的檔案，要在結束（一九四五年）之後一百年，即二〇四五年，才可公諸於世。時下所發生的重大事件，尤其是涉及政治者，可能都有不止一套的劇本。不論民主或專制，每個國家都存在不可碰觸的紅線，即使是在二十一世紀，所謂民主國家，亦會查禁書刊及影片，教會亦然。

不神祕，則乏味。「天行有常，不為堯存，不為桀亡。」《荀子・天論》人人生而不平等，所謂平等，不過是齊頭式的平等。結黨營私，是人類的天性，何必大驚小怪？菁英分子組織隱形的社團，即祕密會社，宰制世界，較著名者有：共濟會（Freemasons）、光明會（Illuminati）、骷髏會（Skull and Bones）、彼爾德伯格俱樂部（Bilderberg Group）→全球影子政府。

馬克斯早已點出，真正主宰世界者，實為財團，而政客不過是一群沐猴而冠的傀儡而已，其中又以軍火商、石油大亨和毒梟為主角。本書透露，美國惡名昭彰的ＣＩＡ，控制全球非法的毒品市場，而將獲利用來資助地下組織。

外星生物到底是替天行道或為虎作倀？MJ12，道西基地，動物殘割事件，復活節島的鳥人，中美洲的雨蛇神，像天使的「光人」，北歐人，雅利安人，均為熱門的話題，本書提供更深層的解析。不論單身，或有家室之累，或有無子嗣，每日深陷在生活瑣碎雜事泥沼之中的你我，大概毫無閒情逸致，仰望穹蒼的星空，外星文明跟我有何關係？直到快入土為安，仍關心銀行的存款有無增加。

天文學系所，在高教院校不易成為熱門的系所，應該跟就業和收入有關。第一流人才爭先恐後投入醫學行列，第二流者研究理工，第三流者研究人文藝術，第四流者從政。若從中國傳統的中庸之道（Golden Mean）原理觀之，此種社會是否健康？

人之一生，將死亡兩次，一是肉身的腐朽，二是離世之後，親朋好友，甚至宿敵，不再提到你的大名和「豐功偉績」，好像你從來沒有活過，在歷史的軌跡上銷聲匿跡，這才是真正的死亡。咱們是否能承受徹底公開地外文明真相的衝擊？傳統的價值觀是否會面臨崩潰的危險？

地外文明的科技水準，理應超越地球，而為敵為友，端賴彼等的行為而定。政府基於國家（或政黨，或統治者）的利益，成為謊言製造者，天使與魔鬼均隱藏在細節裡，仔細比對分析官方與民間的陳述，當可挖掘被掩蓋的實相。未來的世界，熱鬧無比，各位親愛的朋友，千萬不要提前自殺嘔！

中國文化大學史學系兼任副教授　周健

序言

地球位在恆星的宜居帶，富含礦藏與水份，其上人類與其他萬物合諧共存，銀河系其他地方迄今無法找出任何類似地球的宜居行星。若說地球是上帝為人類及其他萬物創造的伊甸園實不為過。

但這個伊甸園如今面臨兩大危機，其一是人類自相殘殺的危機，其次是外星人入侵的危機。對於前者，筆者勿庸敖述，想必讀者心內都清楚，地球上的一些大國（甚至如北韓等小國）動輒以核武器互相威脅。大國爭相發展高當量核彈、大功率運載火箭及提高精準打擊能力，大有一次打擊滅敵千萬的氣概。

此等核戰過去曾毀滅外星文明，將來地球若發生核戰，人類文明又豈能倖存。至於外星人入侵，許多人接觸到這個課題可能嗤之以鼻，認為滿紙荒唐言，不過是天方夜譚或科幻小說／電影罷了。筆者在已出版的數本類書中曾提供詳實材料，說明外星人不僅存在，且早就定居在地球了。如果有人尚不相信，一定要眼見為證，我對這些人無如之何。但請小心，對人類較友好的人形外星人其長相與你我無兩樣，就算你見到了他們，卻仍然有眼不識泰山。

至於對人類較不友好的灰人（Greys）外星人，他們也是人屬，但其長相與身高與我們極不相同，若非遭綁架，你實在不太可能見到他們。若情況是如此，那就糟了，因為你的精神已遭控制，你的體內可能已被植入某種物事。運氣佳者，你可能遭釋回，但終生活在灰人的影響之下。運氣差者，失蹤名單上又增加一員，而你自此也將成為家人心中永遠的痛。

我在此並非危言聳聽，只希望大家能深切理解，「外星人在地球」絕非是一個科幻題材，盼大家能以嚴肅的心態來面對這個課題。

除了認清外星人已在地球這個驚悚現實外，另一件須弄清楚的是整個銀河系，或甚至整個宇宙的高智生物其文明體系可能類似地球，它分為兩大類屬，一為干預主義者的集體制文明，具有擴張性，另一為非干預主義者的民主制文明，通常不具擴張性。不幸的是，目前在地球的主流外星人是前者的分支，他們費盡心思，極力想將地球納入其體制。若其企圖成功，地球人類的前途在哪？

第①章

來歷不明的宇宙——人類與外星人交錯影響的歷史

本章內容主要參考 Commander X, America's Top Secret Treaty with Alien Life Forms Plus the Hidden History of Our Time. Timothy Green Beckley dba Inner Light – Global Communications. 2016, pp.24-38

「X指揮官」是一名退休的軍事情報人員，他通過與中央情報局成員和其他「高層」接觸者的密切聯繫，敢於公開談論一群外星人和軍方分支之間正在進行的戰鬥，該分支拒絕遵守「秘密政府」與外星人達成的絕密協議。該協議於一九五〇年代達成，要求在灰人與「秘密政府」之間進行技術交流，秘密政府以高於總統15度的權限操持外星事務運作。

在UFO大事回顧上，X指揮官並未將一九六五—一九七八年的「Serpo之旅」登錄其上，這是可以理解的，畢竟UFO圈中至今尚有一部份人未能相信該事的真實性，甚或對之嗤之以鼻。

此外，本章的最後「面對擴張性集體制文明」一節，其傳遞的信息至關緊要，例如灰人（Greys）從何而來？目的何在？受誰指使？等。雖然X指揮官並未說明信息來源，但根據出版於一九九六年七月一日的邁克爾・沃爾夫（Michael Wolf）博士的《天堂守望者——三部曲》（The Catchers of Heaven:

a Trilogy），銀河系的三個主要外星聯盟之一的德拉科尼亞帝國（Draconian Empire，Draco亦稱天龍人）應是最可能的陰謀者，灰人只是奉命行事。有了這一層認識，本書的敘述雖然複雜，但不難理解。

1.1 古代星際史

七千五百萬年前，存在一個由75個行星文明組成的星際聯邦。然而，這個聯邦被一場災難所征服，導致文化荒漠、分裂、人口過剩和戰爭。五千萬年前，來自仙女座星系（Andromeda Galaxy）的高大金髮（Tall Blond）實體利用黑洞進入大角星（Arcturus）附近的銀河系。他們定居在天琴座（Lyran）系統中。二二〇〇萬年前，天琴座戰爭開始了。部分天琴座人口定居在獵戶座（Orion）、金牛座（Taurus）和耶拉星座（Era）。

在地球上，早期人類發展在最初的1.5億年中其速度緩慢。然後，兩百萬年前，耶洛因（Elohim）【希伯來聖經中經常使用的上帝的名字。】從畢宿五（Aldebaran System）來到地球。他們是一個高大的類人生物，有著金色的頭髮和白皙的皮膚。他們帶著我們的一萬多只猿類祖先離開了。數百年後，他們返回並帶來更先進的基因工程種族，他們可以使用工具和火。耶洛因在二萬三千年的時間裡已經七次回來，以加速人類的進化。45萬年前，阿努納奇人（Anunnaki）從尼比魯（Nibiru）星球定居到地球上的美索不達米亞。

30萬年前，獵戶座內參宿七（Rigel）開始了一場大內戰。和平高大的金髮族逃到了小犬座（Canis Minor）的南河三（Procyon）星系。一些留在參宿七的人由於核武器的交互攻擊或與入侵的灰人交配而變成了基因受損的矮灰人，而另有一些人則成了高灰人。[1] 二十萬八千年前，參宿七的高灰人重建了他們的權力基礎，並與來自參宿四（Betelgeuses）的克隆矮灰人（Short Grays）一起建立了馬卡布帝國（Markab Empire），他們並通過精神控制手段秘密地征服了南河三星系。

10萬年前，阿努納奇（Anunnaki）人與尼安德特（Neanderthal）人交配，形成了克羅馬儂（Cro-Magnon）人的陸地生物，作為用於採礦目的的基因雜交體。7萬年前，利莫里亞（Lemuria）和亞特蘭蒂斯（Atlantian）文明開始繁榮。5萬年前，7萬名叛逆者離開了昴宿星團（Pleiades），並在地球上繁衍生息。4萬年前，戰爭爆發。地球上幾乎所有的東西都被摧毀了。一些人逃到了另一個星球。地球上的倖存者變得狂野和墮落。3萬5千年前，那些逃亡者返回並重建了利莫里亞和亞特蘭蒂斯。

3萬年前，現在的智人起源於安第斯山脈。1萬2千年前，利莫里亞和亞特蘭蒂斯被全球災難摧毀。6千年前，蘇美爾（Sumer）文明在現今伊拉克的底格里斯河（Tigris Rivers）和幼發拉底河（Euphrates Rivers）之間繁榮發展。5千年前，文明傳播到歐洲和印度的印度河谷（Indus Valley）。

1.2 應對外星生命機構的成立

一七七六年，耶穌會神父亞當・魏索（Adam Weishaupt）創立了一個秘密組織。這個組織被稱為光明會（Order of the Illuminati）。它的目的是從天主教會和歐洲國王手中奪取政治控制權。一七七七年，亞當・魏索在德國慕尼黑加入共濟會組織（Masonic Order）。

一九三二年，阿道夫・希特勒指示德國科學家使用地球內部的灰人（Grey）提供的先進技術進行飛機設計。一九三三年，富蘭克林・羅斯福成為美國總統。當美國政府開始與灰人互動時，羅斯福是共濟會成員。在一九三三—三四年冬天，斯堪的納維亞半島有487個飛盤目擊案例（挪威240個，瑞典96

個，芬蘭157個）。

一九三四年七月十一日，在巴拿馬巴爾博亞（Balboa）港的一艘軍艦上，美國與灰人之間達成了第一筆交易。協議規定外星人不干涉美國的事務，美國也不干涉他們的事務。它允許外星人在美國土地上建立地下基地，以換取外星人的技術。

一九三八年，德國人開始使用從被擊落的外星飛船獲得的非常規電源和方法來飛行實驗飛行器。

一九四七年，一個強大的雷達裝置導致美國四角（Four Corners）地區的幾個外星圓盤墜毀，其中最引人注目的是新墨西哥州的羅斯威爾（Roswell）和阿茲特克（Aztec）。回收的飛盤上有爬行動物（Reptilians）物種以及被肢解的美國空軍飛行員的屍體。羅斯威爾的飛盤墜毀後捕獲了一個被稱為外星生物實體（EBE）的活外星人。

在此前，杜魯門總統對外星人一無所知。事件發生之後他迅速做出反應，對外星人的相關事務採取保密措施，並成立了由12名頂級軍事和科學人員組成的小組來對付外星人，並負責與外星人打交道。他們被稱為至尊十二（Majestic-12），該組織今天仍然存在，只是有不同的代表與名稱。

一九四七年九月，杜魯門總統促成通過了《國家安全法》，創建了中央情報局，以掩蓋政府的活動和外星人問題。中央情報局的精神控制項目始於貝塞斯達海軍醫院（Bethesda Naval Hospital）。Sign 項目於一九四七年十二月三十日在萊特場（Wright Field）創建，旨在調查飛盤技術的能力和性能。內華達州格魯姆山脈（Groom Mountains）的海軍輔助場（Navy Auxiliary Field）被選為進行測試的地方。

一九四九年，經常看到外星飛船在敏感的核設施上空盤旋，尤其是在新墨西哥州。被稱為「綠色火球」的探測器經常出現在莊園上空。一九四九年，另一艘飛盤墜毀，造成一外星人死亡，另一名外星人被關在一個帶有電磁網格的設施中。一九五〇年十二月，一艘飛盤在墨西哥的埃爾印第奧-格雷羅（El Indio-Guerro）地區墜毀，並被送往新墨西哥州桑迪亞的原子能委員會（Atomic Energy Commission, 簡稱 AEC）設施。

一九五一年，EBE 突然生病並於一九五二年去世。一九五二年，杜魯門總統創建了國家安全局（NSA），以監視和遏制外星人存在的秘密，破譯外星人的通信，並最終與任何可以與之通信的外星人建立持續對話。

一九五二年，畢德堡（Bilderbergers）集團成立，其目的是讓政府對外星人問題和其他國際問題做出決策。總部設在日內瓦的畢德堡集團演變成一個控制著國際局勢的精英秘密機構。

1.3 外星大使與秘密條約

一九五二年七月，飛盤飛過華盛頓特區，引起了公眾的轟動。其中一個圓盤以超過七千三百英里／小時的速度飛走。一九五三年，有10次飛盤墮毀，26人死亡，4人活著。天文學家在一九五三年發現了一個進入太陽系的大型天體，後來被證明它係以智能引導並發出通信信號。同年，空軍發現了高度在100到500英里之間的巨大軌道物體，它們都是外星飛船。

一九五三年，昴宿星人（Pleiadian）種族的成員會見了艾森豪威爾總統，警告他關於灰人的事並願提供他們的幫助。但是，為了得到他們的幫助，地球上的人們必須停止互相殘殺，停止污染和破壞地球，並作為一個民族請求他們的幫助。他們的幫助建議被拒絕了，因為他們不願提供先進的技術。

〔美國〕政府因而決定與灰人交流，並推想可能獲得先進技術。政府還想更多地了解外星人以及他們在殘害和綁架人類和動物方面所扮演的角色。與外來物種交流的 NSA/CIA 聯合項目——Sigma 項目取得了成功。外星人告訴政府，他們綁架人類只是為了體檢。

一九五四年四月二十五日下午六點在霍洛曼空軍基地，美國政府和來自馬卡布帝國的灰人建立了外交關係，並舉行了會議。兩艘圓盤在跑道上方盤旋，第三艘降落。交換了每個物種的代表。EBAN 的代表，正如灰人自稱的那樣，被命名為 Krlll（無母音），它並被限制在洛斯阿拉莫斯（Los Alomas）附近的一個電磁安全設施中。

美國政府與 EBEN 談判了一項秘密條約。該協議包含以下一些條款：(1)美國不會透露外星人的存在，也不會干涉外星人的行動，(2)美國將允許外星人在美國領土上維持地下基地，(3)美國將允許外星人定期和有限地綁架其公民進行體檢，前提是人們不會受傷並且不記得互動，(4)外星人將定期向國家安全委員會提供被綁架者的名單，以及(5)外星人將為美國提供先進技術。

政府為了資助這些黑項目（即不通過國會獲得預算）須得另闢財源，它老謀深算，早於一九四九年允許拉基·盧西亞諾（Lucky Luciano）返回意大利，而海洛因於一九五〇年代開始流入美國。今天，美國政府是世界上最大的海洛因和可卡因購買者和分銷商。主要是中央情報局和三角洲安全部隊（由國家偵察局（NRO）贊助）參與其中。

1.4 違反條約的外星人

不久美國開始懷疑外星人綁架的人數超過了向國家安全委員會（NSC）報告的人數。他們意識到自己在信任外星人方面犯了一個錯誤。綁架的目的是：(1)植入裝置，用於對被綁架者進行生物監測、跟蹤和控制，(2)實施催眠後建議，在特定時間進行特定活動，(3)殺死某些人以獲取生物材料和物質，(4)殺死對其活動構成威脅的個人，(5)影響基因工程實驗，以及(6)為創造雜交嬰兒而使人類女性受孕。

顯然，外星人違反了協議。然而政府意識到他們無能為力，只能嘗試將信息保密以防止恐慌。對MJ-12來說，事情並沒有按計劃進行的情況變得越來越明顯。每年報告的失蹤人數和範圍是一個嚴格保密的政府機密。但自一九八〇年以來，每年至少有2萬名兒童失蹤。自一九七三年以來，已有1萬4千多頭牛被肢解。據報導，有超過2千萬美國人報告稱他們似乎目擊到不明飛行物。

一九五六年，對監獄犯人進行精神控制實驗的法案，在美國獲得批准。該年三月，在新墨西哥州的白沙導彈靶場（White Sands Missile Range），空軍中士喬納森・洛維特（Jonathan P. Lovette）被外星人綁架。一名空軍少校目睹了他被拖到一個帶有觸手狀電纜的飛盤上。三天後他被肢解的屍體在離他被帶走之處大約十英里的地方被發現。

一九五七年，代號為夢境（DREAMLAND）[2]的設施在內華達州的格魯姆湖（Groom Lake）建造，靠近被稱為S—4的外星人地下基地。政府與外星人雙方雖經一番討價還價，但最後設施還是只能由外星人自己操作。結果發現，如果需要，先進的技術不能用來對付外星人。

一九六一年九月二十一日，兩架波音707在太平洋上空遇到了一個巨大的甜甜圈形不明飛行物。貝蒂（Betty）和巴尼希爾（Barney Hill）在新罕布什爾州被綁架。兩人被帶到飛盤上，身體受檢查並在記憶喪失的情況下被釋放，直到後來在催眠下受害人才發現被綁架之事。同樣在一九六一年，肯尼迪（JFK）總統對秘密政府結構中的某些方面不滿，威脅要公開外星人的存在。

1.5 反灰人武器的初步研製與衝突

一九六三年，精神控制實驗在英國沃明斯特（Warminster）開始。一九六四年四月，肯尼迪角（Cape Kennedy）的雷達技術人員跟踪飛盤以追踪雙子座（Gemini）太空艙。四月十五日，兩名情報人員在新墨西哥州沙漠與外星人會面，安排4月25日在新墨西哥州霍洛曼空軍基地舉行會議，以解決與灰人的問題。

一九六九年七月二十日至二十一日，阿波羅11號機組人員目睹了一艘巨大的外星飛船圍繞著他們的月球著陸點。一九六九年十月，吉米卡特報告說看到了不明飛行物。

一九七五年，利用捕獲的德國技術開發了針對ＥＢＥ的聲波武器。該項目一直持續到一九七八年。一九七五年十一月，美國北部的基地被不明飛行物飛越。追趕的飛機在加拿大新不倫瑞克（New Brunswick）附近丟失了它們。

一九七七年，卡特當選總統，並表示他將向公眾公開有關不明飛行物的每一條信息。但當他看到一個飛盤後改變了主意。一九七八年三月十八日，威廉・赫爾曼（William Herman）被外星人綁架，他被告知存在一個文明「網絡」。

一九七八年九月，科學家保羅・本尼維茨（Paul Bennewitz）在新墨西哥州阿爾伯克基城（Albuquerque）外的曼扎諾武器儲存（Manzano Weapons Storage）區發現了外星飛船的活動。一九七八年十一月，有人看到一個巨大的圓柱形物體盤旋在科威特石油公司的設備上空。到一九七八年底，中央情報局已經控制了全球大部分鴉片貿易。

一九七九年是道西生物遺傳學設施的一位心懷不滿的安全人員帶著證據逃離的一年，他發誓要揭露那裡發現的暴行。一九七九年十月，新墨西哥州道西附近的地下設施爆發外星人與人類的衝突，造成美方66人死亡。同樣在一九七九年，洛斯阿拉莫斯國家實驗室開始進行電子識別研究（Electronic Identification Research），用於識別植入物。

一九八〇年五月，瑪娜．漢森（Myrna Hanson）在催眠下提供了有關被綁架並被帶到一個裝有大桶的地下基地的信息。同樣在5月，朱迪．多拉蒂（Judy Doraty）和她的兒子目睹了牛被肢解，他們被綁架並遭植入。

一九八四年四月二十六日，邦德將軍（General Bond）在一次機密的空中測試中在51區飛行時遇難。那年九月，一架高三角翼飛行器在澳大利亞無聲地滑過天際，這讓澳大利亞皇家空軍開始行動。

一九八八年五月，羅納德．里根總統再次發表演講，他在演講中提到了「來自外部世界的外星威脅」。在新墨西哥州，洛斯阿拉莫斯開發了一種反物質武器，作為如果「無法將灰人從地球上撬開」的最後手段。地球上的灰人數量估計為二千萬。

一九八九年二月，政府開始與一個爬蟲類物種進行交流，做為灰人的敵人他們是少數能夠將其驅逐的對手之一。一九八九年，Excaliber 項目的數據發布。該項目涉及開發一種能穿透一千米地面然後引爆的彈頭。這對摧毀地下基地很有用。5月7日，南非人擊落了一個飛盤。飛行器內發現了美國飛行員，南非抱怨他們的領空遭到入侵。

一九九〇年一月，加利福尼亞州蘭開斯特（Lancaster,）的目擊者看到一艘900英尺長的三角形飛行器在十分鐘內緩慢飛行。該飛行器伴隨著另一個飛盤。二月十七日，一名烏克蘭天文學家在與爬行動物有關聯的牽牛星（Altair）附近檢測到無線電發射訊號。

一九九四年，一九四七年外星人屍檢電影上映。一九九七年，在太空中擊落外星飛船的失敗嘗試被航天飛機拍攝下來，並向公眾發布。一九九八年，來自世界各地的幾個不明飛行物活動的錄像證據被公佈。同樣在一九九八年，許多原始的 MJ-12 文件被發布。

1.6　對外星文明的探索

二〇〇一年八月十日，在英格蘭奇爾博爾頓（Chilbolton）的巨型射電望遠鏡對面，麥田裡出現了一個寬75英尺，長120英尺的農作物圖形。它包含對我們人類在一九七四年十一月向太空發送的信息的回應。當時卡爾・塞根博士（Dr. Carl Segan）和弗朗西斯・德雷克博士（Dr. Francis Drake）創建了該信息，作為尋找外星智慧項目的一部分。

塞根與德雷克兩人的創建信息是由波多黎各的阿雷西博（Arecibo）射電望遠鏡以2萬億瓦的輻射能量傳輸的。該信息以非常窄的光束發送到一個名為 M13 的星系團，該星系團距離我們六千五百萬光年。信息是一個像形圖，排列成23×73像素（pixels）的矩陣。它旨在描述我們的編碼系統、DNA的構建模塊和公式、DNA的雙螺旋符號、人類的形象、我們的太陽系以及發送信息的射電望遠鏡的圖表。

麥田形狀看起來與阿雷西博信息圖非常相似，但有一些非常有趣的差異。在我們的編碼系統的點狀圖案下方，農作物的形狀有一個額外的圖案，除了代表地球上生命基本元素的氫、碳、氮、氧和磷的原子序數外，它還表明了矽的原子序數。作物形態不是DNA的雙螺旋符號，而是描繪了三組對角線，表示三股ＤＮＡ。

與阿雷西博信息中所呈現的人類形像不同，作物圖案對人形的形像有所不同。這個新的描繪展示了一個像人類一樣有兩條胳膊和腿的身體。但是，頭要大得多。麥田形狀的身體高度顯示，他們比我們身高的一半高一點。而且，麥田形狀中的點狀圖案表明其人口比我們的人口多近65億人。

阿雷西博信息描繪了圍繞太陽的9顆行星，地球的符號高於其他行星，以指示人類居住的地方。地球的圓點也位於人類描繪圖的正下方。在麥田形狀中，有三個符號高於其他符號。這些符號指出了地球、火星和尼比魯（Nibiru）的行星。然而，火星的符號位於人形身體的正下方。

在兩種形態的最底部或底部有明顯不同的點圖案。阿雷西博信息描述了發送信息的望遠鏡，指示大小為2,430。麥田型態有其他東西的描述，大小為6,748。它與一年前在同一麥田中的另一種作物形態非常相似，描繪了一種新的輻射能量形式。

如果提供的信息是準確的，我們現在知道我們在宇宙中並不孤單。火星和尼比魯星球上有智慧生命。我們知道他們的一般形式和大小、ＤＮＡ的組成以及他們的種群。我們也知道他們是如何溝通，最重要的是，他們想與我們溝通。但是，這種麥田形式並沒有告訴我們他們為什麼要與我們交流，並是否分享他們的先進技術或他們的意圖。

1.7　面對擴張性集體制文明

在宇宙的其他地方，存在著擁有自己規則和少數競爭對手的大帝國。許多國家還加入了經濟、政治和軍事協會，或三者聯合，以實現相互貿易和防禦。這些都很常見。我們居住的區域包含大約 五千顆恆星。這是銀河系的一小部分，有著重要的行為規則。這裡也有小帝國，既有獨裁的，也有民主的。

主要治事規則是議會為安全和安保制定的規則。委員會的存在是為了可能爆發並演變成戰爭的暴力提供保險。糾紛經常發生，通過談判或通過法律程序處理。在我們的太空地區，社會不允許擁有軍隊，只能有安全部隊用於自衛。

宇宙中確實存在真正的民主，但非常罕見。他們在與太空中的其他社會打交道時必須非常強大。沒有一個帝國占主導地位，因為這裡的生活種類太多了。有許多了不起又奇妙的創造，有許多社會已經達到了非常高的意識狀態。但是，他們仍然是少數。

在我們居住的區域有另一種集體制（the Collectives）存在，它與帝國的不同之處在於它們沒有源頭母星。他們有一組不同的行星。他們通常通過征服和說服聯合起來，成為一股強大的力量。帝國通常以一個種族為中心，集中在一個世界或地區。集體由許多種族組成。集體可能包含數百個世界，並且存在於廣闊的空間之外。他們總是對獲得新的忠誠和新成員感興趣。他們組織嚴密，具有等級結構。

集體是由一系列在不同級別的權威和指揮下運作的種族組成。工人階級被培育出來服務於特定的職能。他們幾乎沒有個性或個人的推理和辨別能力。他們有蜂群心理，被嚴格控制，沒有人身自由。他們在非常具體的領域非常高效，但他們沒有洞察力，並且在他們的方法上沒有創造力。他們依賴於結構、行為準則以及他們操縱受他們影響的他人思想的能力。

集體不是軍事力量。他們是經濟強國。他們的重點是貿易、資源獲取和建立聯盟。我們地區有許多集體運作。其他國家已經建立了防禦以對抗集體對其貿易、商業和內政的干預。集體必須遵守行為準則，否則將面臨嚴重後果。他們必須使用談判、外交和影響力。

集體對地球沒有藝術鑑賞力。他們需要我們的資源，並將地球視為一種價格，是眾多價格中最好的。核武器引發了他們對這個星球的干預。他們意識到，如果我們變得強大並擁有更大的技術力量，他們在這裡的干預將變得更加難以實現。他們相信他們不能等待。他們試圖讓人類相信他們會將我們從自我毀滅中拯救出來。

因為他們被阻止擁有軍事存在，所以他們必須花費很長時間並且對人類施以非常微妙的影響。他們需要我們的幫助，因為他們無法呼吸我們的空氣並靠自己奪取我們的資源。他們希望為他們的集體社區和心態增添人性。他們希望我們成為他們的一部分。這增加了他們的力量並最大限度地減少了阻力。

這就是為什麼他們須要投入大量時間和精力來獲得我們的忠誠，通過雜交與人類建立聯繫，以及建立一種深刻而普遍的聯繫。為了控制我們，他們必須讓我們歡迎他們，想要他們提供的東西，尋求他們的幫助。

1.8 安德羅 - 昴宿星聯盟與德科拉 - 獵戶帝國主義者的對決

以下的陳述是布蘭頓在對托馬斯·卡斯特羅的訪問稿中所加的註解與說明，其目的在於解析發生在我們太陽系內類人生物與蜥蜴爬蟲類及灰人之間的錯綜關係：[3]

一些消息來源暗示，探索〔鹽湖城〕地下隧道的該地區早期開拓者和定居者與鹽湖平原、鹽湖谷和西洛基山脈下方的一些泰洛西亞 - 阿格哈提 - 麥基洗德 - 瑪雅（Telosian-Agharti-Melchizedek-Mayan）等地下殖民地接觸並在某些情況下加入他們一起。

在一九〇〇年代初期外星人開始入侵他們在山間西部下方的地下土地之前，這些地下人曾與蜥蜴類雙足動物（猛龍族）和灰人建立了領土協議。這些條約是試圖避免可能的物種間衝突的一部分，因為自一九二〇年代、三〇年代和四〇年代以來，北美洞穴網絡內的類人動物〔Teros〕和爬行動物〔Deros〕之間的小規模衝突一直在增加。

由於這些人類和與之互動的某種非排他性的集體意識，決定將蜥蜴類爬蟲動物（reptilians）「轉變」為具有情感和同情心的生物的一種可能方法是允許他們進入群體意識。然而，蜥蜴類爬蟲人（Reptiloids）一旦獲得訪問權，就會立即開始利用集體，並用它在潛意識的基礎上控制人類。

蜥蜴爬蟲類和小灰人已經作為集體或集體思想的一部分運作，這一事實可能會更容易發生，這比許多「阿格哈特人」（Aghartians）所依賴的阿斯塔（Ashtar）或阿斯塔特集體（Astarte collective）本身複雜得多。

這表明蜥蜴爬蟲類「集體」或 HIVE 本身絕對缺乏對人類的任何照顧、關心或同情。然而，在某些情況下，與德科拉集體不同的個體蜥蜴爬行動物可能會被其他無集體的類人生物「馴服」。據報導，有些人已經被安德羅 - 昴宿星（Andro-Pleiadian）世界「馴服」了。

如果非人類可以從「集體」中分離出來，可以這麼說，他們可能會被取消編程（deprogrammed）和重新編程（reprogrammed），甚至獲得個人意識和一定程度的情緒化。

在這種情況下，不建議讓這些生物在人類中享有平等的地位，即使找到了將它們與集體思維網絡分離的方法，也應該強制執行絕對的服從和監控。在與爬蟲類武力打交道時，應首先提出無條件投降，如果不接受這一點，那麼直接軍事行動將是合理的，特別是考慮到灰人和蜥蜴爬蟲類俘虜了許多永久性「被綁架者」（那些仍然活著的人）到他們的地下系統。

一些消息來源暗示外星人利用了混亂，特別是在道西戰爭期間，開始入侵和征服幾個較古老的地下殖民地。這顯然導致了「阿斯塔」（Ashtar）集體的裂痕，許多類人生物和混血兒分裂並加入了安德羅-昴宿星聯盟的非干預主義者，而許多蜥蜴爬行動物和無情的人形特工分裂並加入了德科拉-獵戶帝國的干預主義者。

自那以後，類人生物與爬行動物達成的大多數條約都被打破了，特別是在一九七五年的格魯姆湖戰爭（Groom Wars）和一九七九年的道西戰爭之後，在那段時間裡，美國地下基地網絡（得到了美國稅金的資助）的大部分都被灰人占領了。而據一些「接觸者」的信息，外星人利用了混亂，特別是在道西戰爭期間，開始入侵和征服幾個較古老的地下殖民地。這顯然導致了「阿斯塔」（Ashtar）集體的裂痕，許多類人生物和混血兒分裂並加入了安德羅-昴宿星聯盟非干預主義者，許多蜥蜴爬行動物和無情的人形特工分裂並加入了德科拉-獵戶帝國干預主義者。

不僅如此，仙女座-昴宿星人（Andro-Pleiadean）支持的阿斯塔武力和德拉科-獵戶座（Draco-Orion）支持的阿斯塔武力之間在天狼星的衝突現在已經蔓延到太陽系。[4]

天狼星-B系統（除了大角星（Arcturus）和我們太陽系）一直是「阿斯塔」活動的主要中心，此後被兩個對立的阿斯塔人派系之間的分裂所動搖，據報導，戰爭已經在天狼星系統中肆虐了好幾次。多年以來，根據一些「接觸者」的說法……這明顯反映了北美地下網絡中昴宿星人支持的天狼星類人生物和獵戶座支持的天狼星蜥蜴爬行動物之間的分裂，這兩者在「道西戰爭」爆發之前都在地下層保持著運作。

道西戰爭只是眾所周知的冰山一角，道西發生的整體事件如果不是銀河系的單一事件的話，就會對整個區域產生連鎖反應。

在分裂發生之前，蜥蜴爬行動物被邀請參加在特洛斯（Telos）和其他地方進行的「和平談判」是一種善意的行為，但蜥蜴爬行動物——灰人的集體主義者更感興趣的是擴大他們的帝國，滿足他們對征服的貪得無厭的慾望，而不是締造和平，儘管他們同意了他們自己的和平條約。但他們從未打算保留用於「特洛伊木馬」的操縱目的。

還有一些殘餘的合作，例如在帕拉德克斯內華達（Paradox Nevada）附近的地下設施中，集體主義的類人生物為了建立一個全球控制系統，他們與來自天狼星及我們太陽系的蜥蜴爬蟲類仍然保持著必要的合作，然而在地下系統內部的大量類人生物與集體主義／干涉主義者的爬虫族滲透者交戰，否則後者會通過欺騙、間諜活動和精神控制，來「同化」這些類人生物入他們的集體。

集體主義類人生物的要角——梅特族（MAITRE），來自 Megopei 星系，具有如今的灰人樣貌，據稱他們於50萬年前首度造訪地球，隨後離去。一萬年前再度造訪地球並決心殖民地球。他們認為人類是最有價值的資源，他們來地球的目的就是為了擁有人類，並非看上地球的礦物資源。他們的基地據稱設在百慕達三角的深海底。見 Gil Carlson, Book of Alien races – Translate from the Secret Russian KGB Book, 2017, Blue Planet Press；另見 Description- Race Maitre

https://zdocs.ro/doc/race-maitre-kj1j0vdz9m6e

中央情報局的遠程觀察者（或稱千里眼）曾運用其超能力觀察到灰人的幕後指使者，其情境真是不可思議，詳情待後文分曉。

註解

1.「X指揮官」的原文是「變成了基因受損的高灰人」，若對照後文的說法，這可能是出於筆誤。

2.威廉・漢密爾頓三世（William Hamilton III）的一位消息人士說，DREAM是代表數據存儲庫建立和維護（Data Repository Establishment And Maintenance）的首字母縮略詞。"Dulce and Other Underground Bases and Tunnels." By William Hamilton III. In Timothy Green Beckley, Sean Casteel, Tim R. Swartz, Dulce Warriors: Aliens Battle for Earth's Domination. Inner Light/Global Communications (New Brunswick, NJ), 2021, p.252

3. Interview With Thomas Castello Dulce Security Guard by Bruce Walton〔aka Branton〕In Beckley, Timothy Green, Christa Tilton, Sean Casteel, Jim McCampbell, Dr. Michael E. Salla, Leslie Gunter, Bruce Walton. Underground Alien Bio Lab At Dulce: The Bennewitz UFO Papers. Global Communications (New Brunswick, NJ). 2009, pp.97-101

4. Ibid., pp.100-101

第②章

遙視窺探——外星人想隱藏的秘密

一九七九年，由莫比烏斯集團（Mobius Group）董事斯蒂芬・施瓦茨（Stephan Schwartz）領導的遙視者（Remote Viewer，簡稱RV）發現了埋在埃及沙漠下的一座古老的拜占庭式建築，最終在二〇一九年秋季的《科學探索雜誌》上獲得了發表。該地點之前曾進行過系統電子搜索但沒有發現任何下面結構的證據，如今兩名遠程觀察者確定了建築物的精確位置和方向，以及有關裝飾和其他特徵的詳細信息。

施瓦茨是現代遙視的開發者之一，這是一種形式化的協議，用於訪問有關人、地點、物體或事件的非本地信息，這些信息被普通感官所屏蔽。為了更好地研究這一現象，他開發了一種嚴格控制、適當盲法和記錄的共識應用程序協議，用於考古學和其他實際情況。

他的方法使用了一個由2到13名遙視觀察者組成的團隊，他們獨立地被問到相同的問題。他專注於觀察結果，這些觀察結果要么是自願報告的，要么是被提及的低先驗概率，如此以減少分析「噪音」。施瓦茨的共識協議首先在深度探索計劃（Project Deep Quest）中得到證實，該項目與南加州大學海洋與海岸研究所合作，成功定位並重建了加州卡塔利娜島（Catalina Island）海岸附近的沉船位置。

鑑於遙視觀測可以提供關於電子傳感未能做到的地下的線索，它在考古遺址定位中的應用會變得普遍嗎？施瓦茨認為答案取決於考古學家是否可以拋開先入為主的觀念，而是誠實地審視遙視觀察可以為該領域提供的潛力。

2.1 遙視的新發現

消息人士稱，道西和澳大利亞松峽（Pine Gap）地下設施配備了磁傳感器，可以檢測到投射的星體（astral）或人類的「磁性」身體，事實上這些基地在第三、第四和第五密度或維度上同時運作。可能是第四和第五維度的人員控制第三維度的活動。除了可以探測到星體入侵者或遠程窺伺者的磁體的星體安全系統外，顯然還有專門為捕獲和收容亞空間生命形式而建造的收容室。

一位名叫羅伯特的澳大利亞遙視者遇到了另外三個遙視者或星體間諜，他們正在檢查他瞄準的松峽地下基地。其中兩個和他一樣在四處遊蕩，但第三個的星體或磁性體顯然被困在星體收容場中。他推測這可能對那個人的身體產生的影響，包括他可能陷入昏迷或更糟的可能性。

以上聽起來很奇怪，而且相當難以置信嗎？一些美洲印第安人說巫師可以從人體中「吸出靈魂」並將其放入容器中。如果那個靈魂離開身體一段時間，那麼那個靈魂的肉身就會死亡。在外星人的超自然技術操縱的情況下，情況也可能如此，除非靈魂能被安置在「另一個」實體內。[1]

托馬斯・卡斯特羅曾說，外星人知道如何將生物質體（bioplasmic body）[2]與肉體（physical body）分離，從而在去除人類的「靈魂」生命力矩陣（life-force-matrix）後的身體內放置一個「外星實體」生命力矩陣。[3]

考特尼・布朗（Courtney M. Brown）博士參與了遙視者的秘密軍事情報部門。他們被用來關注和收集戰略目標的信息。布朗先生的軍事RV訓練師派他去的「目標」之一是灰人外星人的集體思想源，更具體地說，他被指示尋找集體的最終指揮或控制中心。

在這個特別的實驗開始後不久，布朗發現自己身處一個有幾個灰人正在工作的區域，儘管他不知道具體在哪裡。他「追隨」集體思想或思想流，發現它絕對是龐大的，及給他一種無限的感覺，並幾乎在本質上是普遍的。然而，他確實發現了一個中心，一個巨大的集體矩陣的明確「心跳」，從該集體矩陣源源不斷的信息穩定地流入和流出。

布朗注意到，在某一時刻，一個不尋常的「亞空間」生物似乎正在指揮他所觀察的灰人的活動，並進而發現灰人的身體本身就是由這些顯然進入了灰人胚胎體的「亞空間」生物所化身的，這些亞空間生物並將灰人胚胎體用作操縱物理現實的容器。

然後布朗被指示定位其他顯然從子空間或星光層控制灰人集體的生物，並發現自己位於這些子空間或超物理實體中的幾個所在的區域。

隨著布朗繼續朝著這個「中心」前進，亞空間或非物質生命的數量增加，直到他來到一個活動頻繁的地方，就像一個大型中央車站類型的區域，這些生物在各種追求中非常活躍。他不知道這到底是什麼地方，但他注意到，越靠近控制「中心」，他就越能感覺到一種越來越嚴格的絕對軍事控制的氣氛。

布朗來到了他所感知的地方，是亞空間生物活動的中央管理中心，而在這個中心，竟還存有另外一個區域。在那裡非常高級的子空間或超物理實體組成的「10人委員會」聚集在一起。這些顯然是參與管理整個行動的執政諸侯。這裡的安全絕對令人難以置信。

然後他感知到了這個由10個超物理實體組成的委員會的最高領袖……大約在這一點上，考特尼・布朗被猛拉回到了他自己的身體，可以這麼說。他感覺到這位領導者已經檢測到他投射到自己的子空間、星體或磁體的存在，並跟隨這個RV「入侵者」回到了他的物理源頭。布朗和他的教練感到一股壓抑的、黑暗的「雲」進入了房間，它在那裡停留了大約半分鐘，仔細觀察了現場。它離開了，顯然領導者將這兩個RV傢伙視為不值得浪費時間的「小魚兒」。

然而，在布朗被驅逐出指揮中心之前，他能夠在短時間內感知到這個存在物的真實情況。後者是一個極其強大的存在物，但卻具有一個充滿黑暗的扭曲人格。

顯然，這個存在物與另一個它視為敵人的力量發生了衝突。布朗感覺到在這存在物內心這是一個嚴重的自尊問題，儘管它具有不可思議的力量，因此它有一種被他人崇拜的強烈慾望。

布朗感到困惑的是，這些亞空間存在物，及進而交替的爬蟲人或灰人，實際上是被這位領導者命令從事自我放縱和破壞性活動的工具。

這個存在物顯然希望他的僕人使用自我放縱的獎勵或對懲罰的恐懼來維持其帝國內的絕對等級指揮結構，以及通過其他子空間等級，進而在整個爬虫族灰人的集體「蜂巢」社會中維持他們的完全出沒。

布朗也得到了這樣的印象，即恐懼和驕傲。這些亞空間存在物認為需要被崇拜，這阻止了這個存在物與它的古老敵人談判。這個存在物完全不顧一切地想要維持自己的生存或存在，並選擇訴諸叛亂和恐怖主義，它拼命試圖控制局勢。

布朗得到了一個強烈的印象，那就是這個存在物是終極普遍的恐怖分子！顯然，由於其無所不包的自我，這個存在物永遠不會在它的「敵人」面前謙卑自己，對於大多數依靠合作夥伴的讚美來維持其自我重要性的幻想之等級制度上層人物來說也是如此。

考特尼．布朗描述的「亞空間」生物會是墮落的光明生物還是反叛天使？

布朗表示，這位遠古時代的「領袖」讓他的追隨者化身為爬蟲類灰人（Reptilian Grey）社會，澤塔II網罟座的第四顆行星是灰人的「家園」，然而它是一顆缺乏足夠碳含量以允許碳基生命「自然」發展的行星，所以灰人必須在遙遠的過去的某個時候殖民了另個世界。

根據布朗的說法，一旦灰人的世界變成了污染的放射性廢墟，威脅到他們的基因生存，在他們的「領袖」指揮下的亞空間生物提供了一個解決方案：為了生存，灰人所要做的就是放棄所有的個人權利和情感，並服從一種集體思想，這種思想將控制小灰人文化的各方面，他們被告知這樣做當然是為了他們自己的「利益」。

以個體性是問題的根源為藉口，亞空間集體主義者將事情推向了相反的極端，並堅持將同化為絕對的集體思想做為答案。

在其他 RV 實驗中，布朗「看到」了過去某個時代生活在火星上的類人生物。一顆巨大的小行星以如此猛烈的速度掠過大氣層（幾乎沒有離開表面）以至於一場巨大的風暴席捲了整個星球，大部分大氣層本身被吹到了太空中。灰人（他們正在觀察這一事件並本可以阻止災難）在星球處於動蕩之中時抵達，並提出「拯救」火星人，但要付出代價，即火星人形生物將他們的社會交給灰人集體主義的控制，其他人則被低溫保存，以「保存」人形火星種族。

實際上，根據布朗的說法，低溫項目的主要目的是「保存」他們作為遺傳材料的來源，以不時升級灰人的種族。令人懷疑的是，他們是否會被喚醒，至少是集體喚醒。這主要發生在火星人類逃離地下並絕望地生存之後，從此每天都是生存的鬥爭。

現在，根據布朗的說法，火星處於灰人的控制之下，儘管一些人類和「混血兒」可能仍留在地下的各個地方。其他消息來源聲稱，一九八五年火星上的聯合行動「替代3」（Alternative 3）設施被破壞並被天龍人（Draconians）或為路西法（Luciferian）集體服務的蜥蜴類雙足動物（reptiloids）和灰人接管。

這顯然是外星人為了確保人類合作者絕對符合他們的議程而進行的幾次「清除」之一，即清除那些擁有太多〔從他們的角度〕個性的叛徒，這是他們集體的死敵。

據報導，有一支由二千名「原始」灰人組成的精銳部隊駐紮在火星衛星火衛一（Phobos）。（有很多證據表明火衛一不是真正的衛星，而是空心的，可能是某種類型的人類或外星人等人造結構。它可能是一艘被移動到該處的巨型宇宙飛船。）

據報導，這些灰人是數百萬「克隆」的「宿主」（hosts），這些「克隆」是為服務於這個系統中的爬行動物精英而培育的。正如替代—3或所謂的純種雅利安「超級種族」所暗示的那樣，由於對他們「合作」的天龍人——獵戶座-網罟座集體主義者力量的某種程度的抵抗，火星和月球上的人類可能已被「清除」。

顯然，這些人類看到了雙方的「合作」正在變成一種由爬蟲精英控制的片面「獨裁」，而這些在

火星人和 月球替代—3設施內的「清洗」消除了抵抗派系，並確保只留下最頑固和最忠誠的受控制的「雅利安」奴隸。換句話說，這些雅利安「精英」遭受了他們為我們這些地球「低等種族」計劃的同樣命運。

一位消息人士稱，火星和月球上的這些事件是喬治・布希、米哈伊爾・戈爾巴喬夫和東方精神領袖彌勒佛（Maitreya）之間臭名昭著的會議討論的主題之一。據報導，秘密政府一直在使用蒙托克式技術將彌勒佛傳送到世界各地，以試圖引起對他出現的崇拜反應。[4]

2.2 鮮為人知的地下基地與外星人傳說

線人提到了以下一些地區的地下隧道和設施：新墨西哥州的桑斯帕（Sunspot）、達蒂爾（Datil）、科羅納（Corona）、陶斯・普韋布洛（Taos Pueblo）和阿爾伯克基（Albuquerque）；亞利桑那州的聖卡塔利娜山脈（Santa Catalina Mts.）；科羅拉多州的三角洲（Delta）、大台地（Grand Mesa）和科羅拉多・斯普林斯（Colorado Springs）；加利福尼亞州的尼德斯（Needles），愛德華茲空軍基地（Edwards AFB），特哈查皮山脈（Tehachapi Mts.），歐文堡（Fort Irwin），諾頓空軍基地（Norton AFB）和莫龍戈谷（Morongo Valley）；內華達州的藍鑽（Blue Diamond）、內利斯空軍基地（Nellis AFB）、格魯姆湖（Groom Lake）和帕普斯湖（Papoose Lake）地區、石英岩山（Quartzite Mountain）和托諾帕（Tonopah）。以上這些地下設施過去曾發生過一些奇怪事件：

加州特哈查皮山脈的綁架：一九八八年夏天，雷和南希這一對年輕夫婦報告說，在雷於諾斯羅普工廠（Northrop Plant）完成輪班工作後，他們去了山區的高原。雷是B—2項目的檢查員。高原毗鄰租用的特洪（Tejon）牧場周邊，諾斯羅普在那裡建造了一個秘密地下設施。

大約凌晨一點時，雷和南希發現一個明亮的球體從地下冒出來，向他們的方向閃爍著光芒。他們無法解釋以後兩個半小時的失憶時間。

雷以為他們已經觀察了大約一個小時的球體，但下一個記憶是日出！在催眠狀態下，雷回憶起被綁架並被帶到一個地下基地，那裡住著一些小而灰色的外星生物實體（EBEs）、空軍和其他安全人員。EBEs正在檢查南希，她一直被束縛在金屬桌上。雷的情緒在催眠般的回憶下膨脹起來。

莫哈韋沙漠中的亞諾（Llano）：莫哈韋沙漠中的亞諾是一個非常安全的設施，但目擊者看到在一個可移動的龐然大物大小的結構內的塔頂上燃燒著極其明亮的燈光。這盞燈不會照亮結構的內部！在該設施附近也看到了球體。

德克薩斯州卡爾弗特（Calvert）附近的地區：不明飛行物將這裡用作基地或中轉站。洞穴存在於城鎮郊區的農田下。有一個複雜的洞穴和隧道網絡連接地下某處。對地理測量地圖的檢查顯示，卡爾弗特直接建在斷層線上，該斷層線向各個方向曲折數英里。

該地區的牧場主和農民報告說，他們聽到腳下深處傳來奇怪的聲音。「住在卡爾弗特郊外五六英里的人一再被發電機的聲音趕出家門，進入涼爽的夜間空氣中。在他們看來，好像從四面八方傳來穩定的嗡嗡聲，而當耳朵貼近地面時聲音最大。」

莫哈韋沙漠西部邊緣的聖蓋博山脈（San Gabriel Mountains）：一九七三年四月，露營的學生因看到了一個巨大的人形生物而感到不安，然後不明飛行物研究所的研究人員被召來。他們發現了齒輪機械的聲音，以及可能與來自「森林地面下」的水力發電廠相提並論的聲音。午夜後，從該地區的礦井中記錄到操作機器的聲音。

亞基馬（Yakima）印第安人保留地：它位在華盛頓州塔科馬（Tacoma）東南部。它是一個40英里寬和70英里長的特定部分，與喀斯喀特山脈（Cascade Mountain Range）接壤，特別令人感興趣。這是一個峽谷和森林茂密的地區。山谷基本上不對公眾開放，需要特別許可才能進入。多年來，林業人員一直聽到來自地下的異常聲音。

一個被稱為托潘尼什山脊（Toppenish Ridge）的劇烈活動區域：在黑暗、受限的峽谷深處，看到了「光芒」。該區域不能步行或乘車到達。人們已經看到低空飛行的銀色雪茄形飛船消失在被稱為托潘尼什溪（Toppenish Creek）中叉的深峽谷中。[5]

以下是一些美國與美洲印第安人關於其先祖來源的傳說，敘述中涉及爬行動物、飛船和所謂的「外星人」：[6]

美國西南部的印第安人有著高個子、金髮碧眼人的傳說。他們也有關於「小人物」的傳說。據說兩者都有「天空飛船」或「圓盤」。

美洲印第安人談到地下種族、地表種族和生活在「天上」的人。納瓦霍（Navajo）人傳說稱他們曾經與土狼（Coyoteros）和白人一起生活在地下，該處就位在科羅拉多州西爾弗頓（Silverton）附近的一座山下。

注意：赫斯珀魯斯山（Mt. Hesperus）〔意思是「金星」〕對他們來說是神聖的。來到地面後，他們向南遷徙，定居在新墨西哥州阿茲特克（Aztec）和道西之間的納瓦霍大壩附近的迪內塔（Dinetah）地區的峽谷中。

普韋布洛（Pueblo）印第安人的祖先會不會是那些最初挖掘道西基地的下層和顯然存在於基地最深處的下層隧道的人？幾個世紀甚至幾千年？如果是這樣，那他們為什麼一上地表面就回歸到低科技文化呢？難道他們種族的科學派別若非與「灰人」建立了互動關係，就是完全離開了這個星球，讓其餘的人自生自滅？

霍皮人（Hopi）的傳說說，他們的祖先是被他們自己的另一個派系驅趕到地表的，他們轉向練習巫術。根據羅伯特・莫寧斯基（Robert Morningsky）的說法，阿帕奇（Apache）傳說指出，「兩顆心」或「蜥蜴之子」在入侵普韋布洛人（Pueblos）的地下領土後將後者趕到了地表。

這兩種情況都是真的嗎？換句話說，一個科學派系是否會在與爬蟲人的合作中留下來，而另一派系則通過星際飛船離開洞穴和／或通過這些古老而龐大的地下系統遷移到地表「世界」和／或其他地方？然後他們建立了防禦點，向南擴展到泰勒山（Mount Taylor），向西擴展到亞利桑那州。建在高台上的是由三層或三層以上組成的堡壘和塔樓。

帕杰里坦・普韋布洛（Pajaritan Pueblo）印第安人有一個傳說，他們來自科羅拉多州大沙丘（Great Sand Dunes）〔國家紀念碑〕附近的地球內部。然後他們沿著里奧格蘭德河（Rio Grande）而下，建立了普韋布洛。

現在被稱為洛斯阿拉莫斯的地區被認為是邪惡的。地底世界「小人物」（灰人）的故鄉衍生了「死神葫蘆」的詛咒！它確實如此，以核彈的形式展現。「灰人」就是「德羅斯」（Deros）。

根據新墨西哥民間神話，蒙特祖瑪（Montezuma）出生在陶斯（Taos）附近，並由居住在普韋布洛峰內洞穴中的人訓練。〔註：在附近的藍湖，曾經看到不明飛行物進出水面。〕

一些人認為最初來自這裡的墨西哥阿茲特克（Aztec）人認為太陽神需要血液並犧牲人類來獲取它的營養。他們每年殺死超過二萬人。

在陶斯附近，在盧塞羅（Lucero）河上方的一個洞穴中，離弗里霍萊斯峽谷（Frijoles Canyon）不遠，是人類犧牲的地方，有些人說即使是現在仍然如此。（註：據馬里蘭州巴爾的摩的一位消息人士稱，一名男子在距離新墨西哥州陶斯不遠的聖克里斯托瓦爾（San Cristobal）以北的一些「泉水」附近的一個有黑色岩壁的洞穴中過夜時遇到了一種蜥蜴爬蟲類生物（reptiloid being）。

在陶斯，「秘密社團」組織的成員被發現遭斬首。〔就像亞瑟曼比（Arthur Manby），他講述了一個秘密的「阿茲特蘭」（AZTLAND）溫泉，大致位在陶斯西北11英里?它的兩側是峽谷牆壁上的岩畫。〕

崇拜者崇拜瑪雅 - 阿茲特克死神「卡馬佐茨」（Camazotz），他化身為有翼生物，將移開令他不快的追隨者的頭顱。研究表明，大祭司曾與有翼的類爬行動物（Reptoids；也稱天龍族，已知它會吞噬人類）接觸，這些生物正在尋找各種商品，可能是黃金、精神活性〔致幻〕植物等。

在整個普韋布洛的土地上，在陶器、洞穴和基瓦（Kiva）的牆壁上，都會發現代表羽毛或角蛇〔羽蛇，羽蛇神〕的裝飾品。

據說蒙特祖馬（Montezuma）從佩科斯．普韋布洛（Pecos Pueblo）帶領他的追隨者南下並建立了如今稱為墨西哥城的特諾奇蒂特蘭（Tenochtitlan）。

2.3 蛇族與巨人的傳說

外星文明已經聯繫了地球上的一些居民，並對他們接觸過的人進行了各種形式的思想控制。額布．希默（Herb Schirmer）警官、貝蒂（Betty）和巴尼．希爾（Barney Hill）以及其他被綁架者曾遭各種精神控制，試圖讓他們忘記接觸。而針對此只有通過性格的力量和催眠的回歸，才能使他們談論其自身經歷。

「外星人」通過直接進入我們的思想來利用我們……我們不應該尊重任何使用干擾我們大腦正常電氣模式的群體。他們使用產生閃光、脈動聲音、ELF和E.M.場組合的設備。

外星人將「植入物」〔大腦收發器〕植入人類體內的做法是陰險的。更糟糕的是，外星人為了人類的血液和其他營養物質而殺死他們。

「灰人」〔簡稱「大頭」〕是僱傭兵。他們在「秘密社團」和〔法西斯〕軍事／政府綜合體中與人類互動。一個相互關聯的「網絡」操縱著地表的文化……已經看到7'—8'高的爬蟲動物／德拉科 指揮「灰人」幹事。爬蟲動物從其頭子白翼龍那裡得到他們的指令。

然後是大型「蜥蜴」或「鱷魚狀」蜥蜴類雙足動物或爬行動物（即猛龍族（Reptiloids）），它是一個有黑色的大嘴巴 及約5英尺高的種族，有時被稱為「鬣蜥」（Iguanas）。另一種是撒旦型的「牧師」，它是像人大小的爬蟲類動物，人們看到它們穿著深色連帽長袍，似乎是高大的蜥蜴爬蟲類動物和較小的灰人的雜交體。另一種是大約4英尺高的「蛙面」兩棲蜥蜴。此外，尚有各種類型的「灰人」，包括藍灰人、棕灰人、白灰人、綠灰人、棕灰人等，以及由蜥蜴爬行動物和灰人產生的「基因工程」混血兒，它們具有類昆蟲和其他遺傳特徵。其次是各種非類人爬行動物，就像海蛇類、巨大的地下「蛇」、所謂的「龍蟲」等，它們在更深的洞穴系統或在海中被遇到，它們「似乎」更多地使用「精神能量」通道。所有這些不同的外星人分支共同構成了所謂的「蛇族」（Serpent Races）。[7]

關於蛇族和巨人，一些傳說如下：[8]

有翼的蛇 - 爬蟲類／兩棲類人形生物已經與地球互動了很久了。許多接觸者和被綁架者反復描述肩章、徽章、獎章或頭盔上的飛蛇徽章。

注意：蛇有手臂和腿萎縮的骨骼跡象。它們經歷了許多轉變和蛻變。「蛇族」（像蛇一樣）生活在地下。然而，透過他們的「飛碟」和「飛行」，他們可以離開地下。

「EL」巨人 - 精英人類與「獵戶座（參宿四）群」，他們在火星星球內有前哨基地。他們也被稱為「泰坦」（Titans）……「兄弟」……等等。獵戶座恆星參宿四（Betelgeuse）是最常被一些接觸者提及與「巨人」相關的星球。

一些木星衛星的居民聲稱，他們以前來自參宿七（Rigel）和參宿四，或從它們「返回」，顯然是在被天龍人（Draconian）滲透和獵戶座入侵後遭驅逐出這些系統。儘管我們幾乎沒有發現關於人類這一分支的「外星人」活動的確鑿信息，但關於可能與獵戶星座發生相互作用的說法已經有了迂迴的說法。

至於可能的地下存在物，一位消息人士稱，幾年前，一名男子在放下一根電纜入一個巨大的洞穴後隨即跟進，該洞穴已被德克薩斯州的一個「石油」深井鑽入。該男子聲稱在洞穴內遇到了11－12英尺高的巨大人類（阿納金（Anakim）－涅斐利（Nepheli））？ - 巨人聲稱造物主和天使已經命令他們的文明留在這些洞穴中，並將自己與地表種族隔離開來，否則他們可能會因為他們的身材而被無知的人類崇拜為神。然而，這名男子被告知，這種情況只會持續到審判淨化之日，屆時「巨人」將再次被允許返回地表世界。

這並不意味著「EL」種族不會與其他不太傾向於崇拜他們的星際聯邦互動。幾年前，一位名叫瑪格麗特・羅傑斯（Margaret Rogers）的女人聲稱曾參觀過墨西哥的「涅斐利」深處地下文明。涅斐利人說他們在上帝前的名字是「泰米爾」（Tamil），這也得到了特洛西人（Telosian）——「Bonnie」或「Sharula」的證實，據報導後者的人民與「巨人」有相當多的互動。

涅斐利人還告訴羅傑斯女士，有一天人類會發展出星際飛船，並如此狂妄地接近造物主的寶座並侵入他的個人領域，從而在整個星球上引發他的憤怒。

她是否指的是位於獵戶座星團之外的獵戶座星雲（Orion Nebula）內的「永恆之門」（'Eternity Gate），或者是「新耶路撒冷」司令部，據報導，政府天體物理學家已經看到它正在從獵戶座星雲漩渦中湧現，現在正直飛地球，並將在第三個「千禧年」結束時到達地球？

另一個消息來源聲稱，許多世紀前，這些人類「巨人」離開了他們的地下城市，開始了一次偉大的星際探險，只是在後來的幾個世紀裡從他們偉大的星際遷移或探險中返回。

回來後，他們在阿拉斯加和其他地方重新建立了古老而廣闊的洞穴城市，其中一些在他們不在時被地球內部的墮落「動物人」佔領，他們對地表的當地人類特別殘忍。

古代記錄表明，阿納金、涅斐利或泰坦曾經居住在中東和古代戈壁地區，但現在主要生活在阿拉斯加、俄勒岡、北加利福尼亞、猶他、得克薩斯、墨西哥、太平洋島嶼的一些地區深處的大型洞穴系統中，以及北美和中美洲西側的其他地區。

以上略談某些人類和非人類實體的出處，他們來自不同的空間區域，包括行星和小行星或衛星的表面和內部，以及來自人類感知範圍之外以及線性物質、能量、空間和時間之外的不同諧波頻帶（harmonic frequency bands）和維度．目前有超過70種外星物種與地球互動，其中有9個是最活躍的。它們可以分為三大類：(1)人類外觀，(2)光滑皮膚的類人動物（Humanoids），和(3)鱗片狀粗糙皮膚的爬行動物。

註解

1. Carlson, Gil. Secrets of the Dulce Base: Alien Underground, Wicked Wolf Press, 2014, pp.32-33
2. 您知道您的身體不會停留在皮膚表面的邊緣嗎？它實際上向外延伸到您周圍的空間。您發育中的生理機能的這一部分被稱為生物質體（bioplasmic body）。它的其他術語包括光環（aura）、能量體（energy body）、外體（outerbody）和光體（light body）。生物質體由多層振動生命力組成。這些層作為動態的半透膜運作，它與您的肉體形態融合、保護和滋養。儘管它對大多數人不可見，但它具有特定的功能和活動。

   What is the Bioplasmic Body? (Text for the video content)

   https://globalenlightenmentnetwork.com/blog/bioplasmic-body
3. Carlson, Gil. 2014, op. cit., pp.63-64
4. Ibid., pp.32-39

5. Ibid., pp.41-42
6. Ibid., pp.42-44
7. Ibid., pp.44-46
8. Ibid., pp.46-47

第③章

潛伏在身邊的生命——你認識的人是「人」嗎？

本章內容主要參考 Commander X, America's Top Secret Treaty with Alien Life Forms Plus the Hidden History of Our Time. Timothy Green Beckley dba Inner Light – Global Communications. 2016, pp.38-50 其中關於本書要角高灰人與矮灰人的出身，「X指揮官」的陳述有不正確與不清楚之處，筆者根據 exopaedia.org 的資訊加以澄清及給予較詳細說明。

3.1 披著人皮的「生物」

這包括跨維度實體、金髮物種和偽裝成人類的外星人。儘管看起來像人類的外星人通常看起來對人類很仁慈，但他們之中仍有許多人受到了惡意（malevolent）生物的影響、控制或佔有。

任何其外表本質上是人類和高加索人的外星人，他們有時很高，也可以被稱為金髮人（Blond）。儘管許多人身材高大，金髮碧眼，但他們並非真正的金髮人。甚至一些與美洲印第安人的關聯也可能被認為是源自金髮碧眼人。這些外星人有很多派別，來自不同的地方，有著不同的動機。

(1) 仙女座人(Andromedians)

仙女座人來自仙女座星系，他們是進入光的星際實體。他們的飛船有能力在超光(hyper-light)下運行，因此，只需片刻，他們就可以從一個完全不同的恆星系統來到這裡。

這些實體非常漂亮。他們的建構輕盈，身體非常薄。這個種族在精神上如此進化，以至於他們不再需要身體。他們幾乎是以光能形式存在、平均年齡為二〇〇七歲。他們是所有人形外星人的最後演化目標。他們身體有亮光。他們非常高，有八到十英尺高。在神話中，他們被稱為翼神【或是天使】。

他們的生物系統與我們的遺傳系統完全不同。這些實體展示了一個在光中被磁化的實例。他們不吃東西。他們獲得知識。他們以「Prona」為生，這是一個古老的術語，意思是真理。

他們美麗得無法形容。他們照顧人類是因為他們認為我們是他們的兄弟姐妹。他們相信我們都來自同一個源頭，我們都是在光中創造的。這是我們之間的共同紐帶。

他們有一艘非常棒的母艦。到了晚上，它看起來是黑色的，它是看不見的，因為它是由特殊金屬製成的。但是，如果要點亮它，那將是太陽的1萬 倍亮度。它就在我們的平流層，它安靜而隱秘地移動。我們的政府知道它的存在，這對他們來說是不祥之兆。

這艘船名叫 米莉亞．阿穆爾(Miria Amour)，意思是銀光。這艘船擁有超乎想像的戰士。它可以將大陸炸到海底。它可以旋轉我們的星球並將其送出軌道。這艘船在這裡是因為這個星球上的疾病。之所以出現在這裡，是因為文明意識的崩潰。也是因為這裡將要發生的變化。而且，它之所以出現在這裡，是因為在這個星球上存在著另一種力量，這引起了注意。

過去，這些生物激發了分歧，他們做了了不起的事情並保存了人類的種子。他們的真相和話語被有權勢的人濫用、誤解和拿來奴役人民。如今，這些實體現在又回來了。

(2) 昴宿星人（Pleiadians）

昴宿星人來自一個叫做昴宿星團（Pleiades）的小星團。在構成金牛座（Taurus Constellation）昴宿星團的七顆恆星中，昴宿星人來自被稱為泰格塔（Taygeta）的恆星。有九顆行星圍繞泰格塔旋轉。其中四個行星有人居住。

昴宿星人的母星是埃拉行星（Erra），它與地球非常相似，僅小了百分之十。那裡的自然環境也非常相似，尤其是植物、礦物和動物的樣本已被帶到昴宿星團其他行星並在那裡發展。埃拉的地表重力略小於地球，它的一天比地球上的時間少十分之六秒。

昴宿星人是幾乎沒有身體差異的人類。由於更高的進化，他們的皮膚比人類更白。他們的歷史比人類多幾百萬年。昴宿星人過著更加精神的生活方式。這意味著他們更多地用他們的精神感官體驗和學習，而不是用他們的物質感官。他們沒有醫療問題，他們能夠通過心理平衡來控制自己的健康。昴宿星人的壽命超過700（地球）年。他們能將思想投射到其星球上的另一個地方，它是其社會接受的訪問方式。

只有4億人生活在埃拉。人口控制的出現是為了保持他們的社會分散並能夠平等地分享星球的資源。由於先進的技術和精神意識，埃拉的昴宿星人生活在一個沒有污染、戰爭、飢餓和疾病的烏托邦世界。

因為人們通過心靈感應交流，所以沒有不誠實。所有基本必需品都是免費提供的，除此之外的任何東西都是通過個人的物物交換獲得的。沒有金錢，因此沒有對財富和權力的非理性攫取。昴宿星人沒有經濟學，但確實有一個共享他們世界資源的系統。物質財產都是根據他們對社區的貢獻而提供的。

沒有像地球上那樣擁有高聳建築的大城市。但取而代之的是，埃拉的一小部分人口分散到橫跨星球的較小社區，由一系列有感知力的管道連接起來，這些管道不僅運送人口，而且沿途教育和告知他們。人們生活在更多的農村環境中，彼此保持距離。

據多方資料，昴宿星人的壽命平均一千歲以上，人口約5億多人。

幾乎所有生活用品的製造和生產都是在太陽系的其他行星上完成的，以免破壞埃拉的生態。他們早已與受到良好保護的自然建立了平衡。這個星球有一個受控制的綠色大氣，它有助於他們的健康和無壓力的生活方式。

由最聰明和最進化的昴宿星人組成的高級委員會提供了必要的政府。對其社會秩序的任何改變都必須得到最高比例的人口投票批准。昴宿星人是文明世界聯盟的一部分，這些文明世界以仙女座星系中先進種族的話語為生。

昴宿星人的願望是通過傳播信息來激發人類的意識，使人類能夠做出必要的改變，以創造一個基於 Saalome 的新世界，Saalome 是一個昴宿星語，意思是「智慧中的和平」。

(3) 南河人（Procyonians）

南河人被暱稱為「瑞典人」（Swedes）或「北歐人」（Nordics），平均身高在六到六英尺半之間。他們來自南河三（Procyon）恆星系統，南河是一個黃白色和黃色雙星系統，在小犬座（Canis Minor）

的天狼星（Sirius）之前升起，距離地球約11．4光年。他們來自南河三雙星系統軌道上的第四顆行星。

有些金髮人具有很高的智力和語言能力，而其他一些人則是沉默的和心靈感應的。如果受到攻擊或威脅，具有語言能力的金髮人會做出猛烈的反應。但是，心靈感應類型的金髮人則不會。這兩種類型都小心避免暴露，通常在安靜的偏僻地方遇到人類。他們更頻繁地接觸女性。他們可能只是盯著和觀察人類，然後撤退。這些金髮人似乎並不會變老，而且無論他們的真實年齡是多少，他們似乎一直維持在27到35歲之間的容顏。

有時金髮人是灰人的俘虜。為了俘虜他們，灰人必須癱瘓或破壞他們通過時間和其他維度傳送的能力。金髮人與灰人有時被看到同在一艘船上工作，這些金髮人要麼是混血兒，要麼是克隆人。區分克隆的一種方法是它們看起來都相似。真正的金髮人有著明顯的面部特徵差異，而且看起來並不相似。

克隆體有粗壯的脖子和粗壯的肌肉。它們沒有傳送或跨維度旅行的能力。他們可以通過心靈感應聯繫，但無法發送心靈感應。它們可以通過心靈感應被下達命令。它們是殭屍般的肉體機器人。你可以通過觀察它們的眼睛來判斷它們有很低的智商。

來自南河三的高個子金髮人對人類抱有溫和的態度，除了他們強烈反對我們彼此間的不人道行為。我們的政府已經與他們的世襲敵人灰人秘密結盟，以獲得比已經存在的系統更具破壞性的武器系統，這一事實進一步加劇了這種強烈的反對。我們的政府對與南河人談判不感興趣，因為後者不願向我們提供武器系統。

(4) 天琴星人（Lyran）

天琴星人身材高大，眼睛、膚色、髮色淡淡的，跟地球上的白種人很像。當天琴星發生戰爭時，許多天琴星人遷移到了昴宿星、畢宿星和織女星上。約5萬多年前天琴星再次發生戰爭，當時的領袖及其他36萬人來到地球上避難，那是他們最早來到地球的時候。

(5) 天龍星人（Draco）

天龍星人是爬蟲類外星人，有翅膀，高約7－12英尺。他們屬於統治階層，他們的層級制度是依照膚色來區分的，白皮膚的天龍星人是最高級的。

據說天龍星人精通遺傳學，他們存在於這個宇宙數十億年了，也創造了數個種族。面對這些被造的種族，天龍星人有絕對的優越感。他們攻取了獵戶座的大部分地區，有可能會取得整個獵戶座的控制權。

(6) 宇莫星人（Ummites）

宇莫星人來自距離地球約14光年的Ummo星，於一九五〇年來到法國南方山丘地區。他們也屬於人形外星人，有男女之分。

(7) 阿努納奇人（Anunnaki）

阿努納奇人是爬蟲類外星人，據說他們住在尼比魯（Nibiru）行星裡。他們是古代蘇美爾人的神，曾與耶洛因人（Elohim）發生過戰爭。他們的壽命能長達10萬年。

(8) 灰人

根據羅斯威爾資料，灰人可以分為GREYS（灰人），GREENS or OLIVERIAN（綠人），ORANGEAN or Orange（橙人），BLUES（藍人），BROWNS（棕人），ZETA RETICULANS（齊塔人）。這些灰人都可以歸類於以下這五種之一：

第1種：

僕從代號SQH的生物，是一種陪育型的生物，擁有基本智力，但是絕對服從命令，他們沒有嘴、耳朵和鼻子，皮膚是專門培育的，可以抵抗惡劣環境的保護層，相當於他們的宇航服，在額頭和前胸有生物印記，這說明他們一出生就被專門訓練成從事某種任務的個體，這種生物曾經在某個著名的ＵＦＯ事件中被人發現過。

第2種：

叫Tah Hay，他們也是一種克隆生物，為做為三型灰人的助手，胸前也有永久的生物標示。

第3種：

是複製人，他不同於克隆人，他們是使用複製機器，成批復製的，主要是從事駕駛ＵＦＯ的工作。

第4種：

叫Hboot，他們是一種生物機器人，是最基本的一種勞動力，他們是按照灰人（對人類）基因改造之前的樣子製造的，所以模樣和人類類似，主要是從事體力勞動，因為現在的灰人，無法從事體力勞動。

第5種：

最後一種是隱藏在地球上的外星人，他們是使用人類基因雜交的混種，擁有人類的體態，但是可以通過臉部變幻成人類無差別的模樣，他們主要是作為外部特工，隱藏在人類社會之中。

3.2 光滑皮膚的類人生物

以下這些都是類人生物，有著與人類身體相似的頭部、兩條手臂和兩條腿。然而，這些生物的生理機能顯然不像人類，其中灰人控制的克隆人和機器人可能取代地球的領導者進行社會和經濟控制。灰人還控制了黑衣人（Men In Black，簡稱MIB）、全息圖和投影，這些有助於其神聖指導的工具：

(1) 高灰人（Tall Grays）

灰人的22個不同亞種中的一些最初是獵戶座參宿七星系（Rigel system）中高大的金髮類人生物，但由於與入侵的灰人雜交或長時間的核交換〔因戰爭〕而受到強輻射，它們的DNA產生變異，其物種有些變成了發育不良的畸形矮人。矮灰人大約三英尺半高。他們通常看起來更矮，但肌肉更發達。據說他們極具攻擊性，通常被認為是所有灰人物種中最危險的。被綁架者被告知他們來自獵戶星座的參宿七（根據J.D. Stone, V. Valerian）和參宿四（Betelgeuse），並被懷疑是蜥蜴／爬行動物。其腺體結構也受到影響，包括生殖器官和消化器官。核交換發生在大約30萬年前。

統合來說，獵戶座的灰人有高灰人與矮灰人兩種，其中高灰人中的高鼻子灰人是美國政府與之簽訂條約的人。高鼻灰人：他們有6到9英尺高，並且與其他灰人不同，他們有一個獨特的鼻子，這些有時被稱為 Eban，據信來自獵戶星座中的參宿四系統。以上這些灰人物種被稱為「獵戶座十字軍」（'Orion Crusaders）或「馬卡布人」（Markabians）。

有兩種主要類型的高灰人物種，他們稱自己為 EBAN。其中獵戶座高灰人的1型【高鼻灰人】高約7到8英尺，並且具有所謂的昆蟲基（insect-base）的基因構成。有一個明顯的節點和傾斜的黑色眼睛。它們沒有外生殖器，對人類極具攻擊性。2型高灰人，身高在6到7英尺之間，有外生殖器。像狹縫一樣的嘴巴，它們似乎也有類似（小）鼻子的東西。這種類型似乎是矮灰人物種的一種更高的形式，具有相似的大頭和大黑眼睛。他們被認為來自與「標準」和「矮」灰人相同的星座。這些高灰人在綁架過程中很常見，被綁架者通常將這些生物稱為「醫生」或「外交官」。對於它的價值，菲爾施耐德和比爾庫珀都聲稱美國政府與高灰人在一起。達成了一項協議，他們現在在發展「新世界秩序」方面發揮了重要作用。

灰人能在黑暗中非常有效地運作。他們的眼睛對紫外線更敏感。他們有能力控制自己的心率。灰人的正常心率高於人類。皮膚似乎有金屬成分和不尋常的鈷色素沉著。

大腦被描述為比人腦有更多的腦葉。之前曾提到在一些外星人屍檢的大腦中發現了水晶網絡。據信，該網絡與心靈感應交流具有功能關係，並充當對克隆物種進行群體控制的功能節點，這些克隆物種在本質上是在一個蜂巢思維中發揮作用。

灰人的腺體有問題，尤其是皮脂腺，這使他們難以消化食物。他們從其殘害的動物身上提取的腺體分泌物和酶中獲取營養。他們通過皮膚的毛孔吸收這些提取物。

灰人物種不是基於個體化或作為一個個體實體。對於維持群體思維意識（社會記憶複合體）的實體，個體化似乎會導致大量隨機能量的損失。他們最初對人類的個性和人類的情感光譜都很著迷，他們可以感知但顯然不理解它對人類意味著什麼。

這個物種的目標似乎建立在以生存為基礎的嚴格統治的社會秩序之上，他們的「宗教」是科學，他們的社會結構以服從為目標，他們的軍事概念圍繞著征服、殖民和通過隱蔽的精神控制程式來進行統治。很明顯，在他們的社會結構中存在明確的等級制度，這些等級制度規定每個實體都有特定的職責要履行。

這些生物具有技術優勢，但他們似乎缺乏精神和社會科學。這從他們明顯缺乏溫暖、情感和相對於人類的尊重中可以看出。他們有時可以通過心電感應連接的無線電設備調整人類波長，從而在情緒提升方面獲得短暫的快樂。他們對強烈的人類情感做出反應，例如狂喜或痛苦。他們為夫妻提供性刺激，並被異常和性偏差所吸引。馬卡布人使用性、疼痛、藥物和恐懼作為迷惑人類的強迫元素。

似乎有許多微妙的條件有助於地球人為某些外星人做好準備。然而，現在很明顯，為秘密政府提供技術的外星人並不是仁慈的，而是我們的敵人，因為他們進行綁架、撒謊、欺騙，通常是惡意的，並且顯然正在實施一場精心策劃的秘密入侵，其中包括對人類和動物進行高級基因實驗和雜交的野蠻和不人道的使用。

這是一種策略，惡意的外星人正在與秘密政府建立「浮士德式」聯盟，以使他們能夠在人類不知情的情況下有效地聲稱地球為自己的，然後任何其他外星人僅能夠在受限制的範圍內與人類進行適當的接觸，只要他們遵守所謂的「普遍法則」。

惡毒的外星人聲稱他們是宗教的完全作者，以此來灌輸人類對他們的依賴和潛在的忠誠以及對他們的崇敬。他們明顯的行為表明他們試圖通過將自己置於「上帝的神聖使者」的位置來利用聲稱的作者身份為自己謀取利益。

(2) 矮灰人

高灰人使用較小的克隆大頭灰人進行綁架和檢查工作。被綁架者大部分時間看到的正是這些克隆灰人，它們是被稱為獵戶星座中參宿四（Betelgeuse）的貝萊特拉克斯（Belletrax）物種，此物種與高灰人共同組建了馬卡布帝國。

灰人通常更接近具有共同社會記憶複合體的基於電子的太空社會，這使他們能夠作為集體思想的區域來共同發揮作用。灰人群體是由一個中央來源控制，通常它是大型灰人、金髮類人生物或其他優勢物種之一。

大頭灰人的大約身高是3.5到4.5英尺高，平均體重約為40磅。頭部與身體的比例類似於人類五個月的胎兒。這似乎反映了作為一個物種的非常古老的性質，以及它們的DNA模式位於更原始尺度的特定帶內的事實。

物種的膚色變化似乎很普遍，膚色從藍灰色到米色、棕褐色、棕色或白色不等。影響膚色的因素有很多，其中之一是實體的總體健康狀況。眾所周知，它們在攝入營養後會改變膚色。

克隆物種沒有生殖器官或生殖能力，與一千三百cc腦容量的人類相比，其腦容量估計在二千五百到三千五百cc之間。由於克隆過程，神經物質是人工生長的腦物質。灰人擁有的技術使他們能夠以他們希望的任何方式或模式將記憶模式和意識插入克隆中。

克隆物種有兩個獨立的大腦，腦葉比人類大腦大得多，並且包含一個用於心靈感應交流和群體控制的水晶網絡。克隆物種在本質上是一個蜂巢思維。它們的動作是刻意的、緩慢的、精確的。

灰人通過皮膚吸收的過程來消耗營養。據目擊的被綁架者稱，這一過程包括將一種與過氧化氫混合的生物漿液混合物（使漿液氧化並消除細菌）塗抹到他們的皮膚上。然後其體液通過皮膚排出體外。許多被綁架者注意到灰人有一系列獨特的氣味，其中許多似乎類似於薄荷醇的肉桂氣味。

灰人克隆人有一個主要器官，具有心臟和肺的綜合功能。他們身體的其餘部分由均勻的海綿狀組織組成，其中充滿了循環系統、腺體和其他無定形結構。每個灰人克隆人都有自己的個性，但不像人類那麼明顯，在人類中，通過文化條件、編程和基本的顱骨結構差異，擴大意識和共享意識的趨勢被最小化。

克隆人服從較高的灰人。較小的灰人擁有電子監控和控制的社會記憶複合體，使他們能夠在集體思維模式下有效地發揮作用。他們不像較大的灰人那樣具有明顯的個性。

(3) 標準灰人

這是最常見的類型。它們大約有四到四英尺半高，有大的球狀頭部和環繞的眼睛，嘴巴裂開，沒有耳垂的小耳朵，沒有可見的鼻子。他們的腿比人類想像的更短，關節也不同。他們的手臂經常伸到膝蓋。這些灰人有許多不同的顏色，通常外觀蒼白：灰色、白色、（蒼白）藍色、（蒼白）綠色、（蒼白）橙色和棕色。

應該注意的是，它們似乎沒有一種標準的表現型，因為觀察到的它們具有許多不同的特徵：有些手有手指，有些有爪子，有些有蹼狀物等。因此安全的推測，儘管有一些明顯的物理相似性，但灰人群體實際上是由幾種不同的灰人組成，它們不一定相關，並且來自我們銀河系的不同部分。例如，澤塔人（Zetas）來自網罟（Reticulum）星座，被認為是人形血統，而其他種族，例如。來自天龍座（Draco）、獵戶座和大熊座（Ursa Maior）的人被認為是爬行動物。[1]

(4) 迷你灰人

近年來，有報導提到灰人符合標準灰人（3型）的描述，但只有兩英尺高，而不是通常的四到四英尺半。[2]

請注意，這種分類很可能仍然是對實際情況的簡化。估計有40多種不同類型的灰人。

(5) 人類／灰人雜交種

灰人正在與人類雜交，試圖在地球上種植混合生物，為他們的全球統治議程服務。這項活動已經進行了很長時間，並產生了多代雜交品種。這些雜交品種在功能上可能比人類或灰人更優越。

許多人在地下和航天器上都見過繁殖實驗室。在那些實驗室裡，可以看到灰人的胎兒。與人類相比，這些胎兒的頭部與身體「不成比例」。

灰人克隆人正在臨時和永久地綁架人類女性，並將他們用於雜交，以產生一種不為人類服務的新雜交物種。

灰人確實理解結合（在人類母親／卵子來源和外星雜交孩子之間）的概念，但僅在智力上的結合方面有助於雜交品種的生存。他們認識到只有在生存方面對孩子的需求。

數千年前，許多種族在這裡雜交，創造出一種較高智能且適應性強的生物。但是，當前的雜交是為了創造出為訪客服務的人類。雜交使他們能夠在這裡建立存在和施加影響力。雜交已經進行了好幾代。它變得非常成功。

在我們今天的世界裡，生活在我們之間的混血兒，數量不多，但未來會越來越多。這些是不為人類服務的聰明人，也是實際上擁有訪客意識的混合體。很快，訪客將能夠永久地生活在我們星球的表面上。

(6) 澤塔網罟座人（Zeta Reticulans）

澤塔網罟座（Zeta Reticuli）灰人具有基於昆蟲的遺傳系統，高約3.5至4.5英尺。他們沒有外生殖器。與其他灰人相比，他們對人類的攻擊性較小。這些生物來自網罟星座中的 澤塔網罟座。這些類人生物具有非常獨特的面部特徵，鼻子上翹，脖子修長。

網罟座人似乎是一個高度感知的實體群體，作為社會記憶複合體（social memory complex）發揮作用。個性似乎存在，但被集體思想所掩蓋。網罟座人作為一個物種已有數百萬年的歷史，並且由於涉及核輻射的衝突而具有弱化的 DNA 結構。網罟座人依靠人工繁殖或克隆，面臨絕種的威脅。他們正在創造能夠與人類交配的人類——網罟座人混種。

網罟座人主要參與科學性的外星生物學調查以及系統性的地質觀察和實地研究。他們的文明似乎完全致力於星際研究和生命分析。網罟座人的網絡在地球上已經存在了50年。

網罟座人的基本目標是利用無效化和統治來控制各種被他們相中的文明社區的領導人。他們通過綁架領導者並用他們可以控制的實體來代替領導者以實現這一點。

網罟座人的軍事行動包括對未受保護的文明進行殖民化，以建立後勤補給站與充作奴隸來源，並藉此獲取潛在盟友和生物材料。

征服行星的過程涉及到與其振動頻率共振的生物的位置。然後這些被選定的人會被告知他們是精英或天選者，他們將征服或領導人類並為他們的灰人主人統治世界。

通常，被選定的生物會被實質帶上飛船並進行身體檢查，提供植入物，通過灌輸方法獲得加速數據，幫助他們為灰人服務。精英的功能是消滅自己種族的一部分，以努力將人口減少到可管控的限度，以便輕鬆控制剩餘的種族。

(7) 天狼星人（Sirians）

小天狼星（Sirius）顯然具有發展一些非常不尋常的個性的品質。被稱為狗星，在大犬（Canis Major）座，它是天空中最亮的星，比我們自己的太陽還要亮二十多倍。

天狼星人是一個混合種族，其特徵類似於金髮和爬蟲類物種。除了眼睛有垂直的狹縫瞳孔和細長的鼻子，他們在外觀上與人類相似，在緊身連體衣制服下長著金色的短體毛。

天狼星人積極參與同獵戶星座灰人的戰爭。他們與高大的金髮人結成了聯盟，對抗灰人。他們在地球的地下基地工作，目的是綁架人類並對其進行編程。他們還在那裡用類人生物進行基因工作。

天狼星女性有長髮、女性特徵和乳房。有人看到一名女性穿著藍色的兩件式制服，額頭上有一個吊墜。男性頭戴緊身頭巾，帶有圓形無線電接收器，左耳上方有短天線。他們左胸上的徽章呈三角形，上面有三條平行線，或者裡面有一條有翼的蛇。

(8) 類昆蟲人（Insectoids）

儘管昆蟲形式的外星生物種類繁多，但最常見和最先進的物種似乎是一種巨大的昆蟲生物，高兩米（6'6），類似於螳螂。需要注意的是，體驗者覺得這種類型不是昆蟲，而是一種聰明、性情溫和，但有點「超級的」和生澀的、像人類一樣的生物，無論是男性還是女性。

這些人的臉長而窄，眼睛又長又窄，大眼睛，向上和向外急劇傾斜，幾乎呈窄V形，看起來幾乎像昆蟲。這種比較因螳螂類型的極細、長軀幹、長而極細的手臂而更加突出，這些手臂通常在關節中部形成成一個尖銳的彎曲，手和手指／手套幾乎垂直向下傾斜。「手腕」，雙腿在關節中部也幾乎呈直角彎曲，形成蹲伏姿勢。整體效果是典型的「螳螂」外觀。

目擊者報告說曾多次看到這種奇怪而可怕的生物。一九七三年，在馬里蘭州，一群四名螳螂外星人綁架了一名法律系學生並對其進行了檢查。在另一個場合，一個符合相同描述的生物被發現襲擊了一個十幾歲的男孩。男孩好不容易才被救了出來，而這奇怪而可怕的生物也被趕走了。

3.3 其他皮膚光滑的類人生物

這種類型的其他物種包括 阿卡里亞人（Akarians）、大立根人（Largans）、小矮人（Dwarfs）、多毛人（Hairies）（Yeti 類型、大腳野人）和 烏莫人（Ummo's），另一組來自大角星（Arcturus）系統。這些類人生物有一頭紅色的頭髮，被稱為橙色人（Oranges）。他們對人類保持中立，並等待機會為自己收回地球的一部分。

另一組對人類是否適合管理地球資源持更悲觀看法的實體是一個非常高大的類人種族，在《創世紀》一書中被描述為 Nephilim（字面意思是巨人），他們使人類女性懷孕，然後生下 巨人。據報導，這個種族起源於天琴座（Lyra），居住在尼比魯（Nibiru）星球。

世界上尚有其他人類種族的存在，他們在歷史上幫助人類的進化發展。這樣的種族一直是古代列穆里亞（Lemurian）和亞特蘭蒂斯（Atlantean）文明的殘餘，他們放棄在地球表面建立的城市／文明後，在地殼內建立了大型水晶城市。他們是一個高大的北歐種族，生活在北極下的地下城市。嚴格來說，這個群體不是外星人，而只是與人類有基因聯繫的亞地球人形種族。

另一組人形生物是外星人，他們介入地球以幫助人類應對其他外星人種族。這一類別通常被描述為來自阿爾法半人馬座牽牛星（Altair Alpha centauri ）的北歐人（Nordics）和閃米特人（Semites），他們在外觀上是類人動物，身高在7－8英尺之間。牽牛星的第四和第五顆行星有人居住。看起來像人類的昴宿星外星人實際上是牽牛星人的祖先。牽牛星人有兩種變體，閃米特人和北歐人。

3.4 鱗片狀粗糙皮膚的爬行動物

粗糙鱗片狀皮膚的類人生物是來自天龍（Draco）星座和五車二系統（Capella System）的爬蟲類（Reptilian）物種。這些生物有細長的頭和眼睛，有垂直的狹縫瞳孔。一些爬行動物的等級具有白化病般的白色，而不是通常的綠色或棕色。有些在額頭和頭骨頂部之間有錐形角。

在大多數情況下，我們正在處理另一個物種，它的形狀是類人的，但傳承上是爬蟲類的。他們的領袖精英是擁有特殊「翅膀」的「天龍人」（Draco），這些翅膀是由長肋骨支撐的皮瓣。這些可以被夾背靠在身上。他們也被稱為「龍族」，他們的符號通常包括一條有翼的蛇。他們的物種中有些支派沒有翅膀，例如「士兵階級」和「科學家」都沒有。

他們都是冷血動物，必須有一個平衡的環境來維持體溫。該物種的「士兵階層」可以將自己埋在地下並等待很長時間才去伏擊敵人。如果需要的話，他們可以每隔幾週甚至一年僅吃一頓非常豐盛的飯菜。作為一個物種，他們非常適合太空旅行，因為他們具有冬眠的能力。這些爬行動物具有保護自己免受水分流失的鱗片。他們沒有汗腺。

背部的鱗片要大得多，這使得該處皮膚可以防水。身體其他部位的鱗片則更靈活。他們有三個手指，與一個相向的拇指。眼睛像貓一樣大。它們在短而粗的口吻末端有雙鼻孔。他們大多是肉食者。嘴更像是一個狹縫，但他們確實有牙齒，可分為門齒、犬齒和臼齒。他們的平均高度為6到7英尺。

爬蟲類（兩棲類）類人生物已經與地球互動了很長時間。許多接觸者和被綁架者反復描述他們身上的肩章、徽章、獎章或頭盔上的飛蛇標誌。蛇族生活在地下。

天龍集團是一個由亞群（來自天狼星的「蛇族」）和各種雜交種組成的聯盟。他們在金星、地球和其他地方建立了基地。地球位在他們古老的太空貿易路線上。

天龍人身高約8英尺，肩部長出長有翅膀的附屬物，黑色鱗片狀皮膚，還有發光的紅眼睛。他們有飛行能力，通常在夜間行動。這些實體，以及其他爬蟲類物種的精英（也具有翅膀的附屬物）是過去與石像鬼（Gargoyles）和女武神（Valkyries）有關的一些傳說的來源。同樣明顯的是，吸血鬼的一些品質也從這些生物身上獲得了。

一些爬蟲類吃人就像我們吃雞一樣。在美國，有很大的地下食品儲藏室，裡面裝滿了保存完好的人體。有時屍體是兒童的。爬虫族吃的不僅是兒童，還有成年人。然而，兒童更受青睞，因為他們不會被咖啡因、尼古丁、酒精和其他成年人飽和的物質所毒害。

爬蟲人似乎並不依賴人類作為食物來源，儘管他們與我們一起進行的部分實驗工作是為了未來的食物供應／生產。當他們參與雜交（人類和爬蟲類）時，他們這樣做不是為了種族生存，而是為了在自己的文化中創造一個子類（奴隸種族）。這些混血兒將成為生物戰爭機器和勞工等。他們將成為別人的財產。

爬蟲人似乎很少將我們視為生物般對待。（他們認為我們對他們來說只是醜陋和令人厭惡）然而，他們似乎確實認為我們中的一些人是寶貴的財產。人們會覺得他們會繼續以他們認為合適的方式使用我們，或者，如果我們作為一個群體且成為一個真正的問題，他們寧願消滅我們也不願與我們打交道。

他們不懼怕人類，並認為自己在所有比較中都比人類優越得多。據推測，他們認為這個星球的表面是一個有毒、不適宜居住的環境，並「允許」我們住在那裡，而他們則生活在地表以下和太空中。（我們和我們的地表環境對他們的地下家園周圍充當物理緩衝區或生活屏障。）

我們都知道，外星人擁有比人類更高的科技，但到底高多少沒有人能真正說清楚。下章展示的外星科技，只是美國軍方從中習到或是外星人直接擁有的一小部份。

3.5 外星人的性器官

曾經來過地球的J-Rod曾經透漏，通過心靈感應，他投射出他的種族女性的形象生殖器。生殖器與我們的不同。女性有一種外陰，但有一種緊繃的情況。男性有一個男性釦子，女性有一個女性釦子。它看起來就像一個帶有長方體的圓盤，為了交配而旋轉。

而灰人外星的繁殖科技則分為很多種。灰人繁衍的方式：

第1種：

是克隆也就是無性繁殖。只需要通過一個體細胞，在將遺傳物質移植到體細胞核中就可以培育出和原個體完全相同的種群 。也就是使用一型或二型灰人的體細胞來克隆出三型灰人。

第2種：

還有一種是加速克隆，即使用可控的輻射來干擾和加速這個過程，但缺點是這樣克隆出的灰人壽命短，通常只有125到150個地球年，遠低於一或二型灰人的250個地球年。

第3種：

是人工授精 。由於灰人經過長時間的人工基因改造，已無人工排精能力 且無性別差異。他們的精子和卵子都是人工改造，所以灰人來

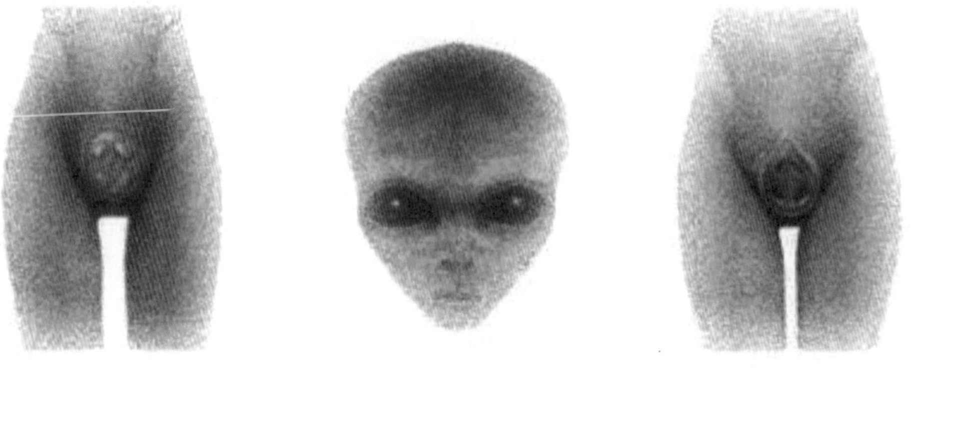

到地球的目的通常想取得的就是人類的精子和卵子，以便將它們進行改造。

第4種：

是基因重組，在一個培育容器中直接培育出灰人的下一代。這種方式具有一定的失敗概率，所以一或二型灰人的數量一直在減少，這也是他們急於在地球上進行基因試驗的原因。

第5種：

是生物細胞電漿繁殖。目前對這種技術沒有太多瞭解，只知道它是一種野蠻的繁殖方式，它會給群體的繁衍帶來巨大的副作用。

第6種：

是卵生。它是灰人基因科技發達的另一瘋狂舉動，但是由於個體在殼體內受到太多的干擾，他們往往在出生的一瞬間就死亡了。

第7種：

最後一種是人工分子置換，它是把人體內的細胞不停置換，目的是永遠保持最新的細胞。與其說它是一種繁殖方式，不如說它是一種永生方式，但是這種方式很難讓種族產生新鮮血液。只有位高權重的灰人才會這樣繁殖，並且這種細胞替換的次數是有限的，只能大幅度延長生命的長度，無法達到真正永生。

3.6 外星人的飲食

對昴宿星人來說，他們不用特別吃素，因為他們的肉食都是以科技研發，將無生命體直接培養成肉塊，所以不用傷害任何動物。這樣就可以跟動物和諧共處於一個星球，無需弱肉強食、你爭我奪的互相傷害。

此外，動物是昴宿星人的好朋友、好幫手，跟地球把動物當寵物的方式不太一樣，因為用直覺溝通，基本上是可以互相更瞭解的，這樣就不會再有動物受虐！

3.7 外星人的建築

海奧華星人（Thiaoouba）的房子稱為都扣（doko）。它們類似置於地上的半個蛋狀，有躺著的，有立起來的，無門無窗。進屋直接穿過牆，只感到一股輕微的氣壓，輕得像一團棉絨。從牆壁裡面往外看是透明的，但是從外面看不到裡面。

屋子是由非常特殊的磁場建成的。人、動物和礦物，其體表都有一個自己的場。比如說人體有輝光和乙太力場，後者由一部分電場組成，但更多是被稱為阿里亞科斯蒂納基（Ariacostinaki）的振動組成。這種振動持續存在，在活著的時候起保護作用。

為建造住所，海奧華人在一個核心的周圍製造了礦物質的電磁——乙太振動，按心願複製了自然力，從而出現了牆壁。這力場不但使雨不能下進來，連風也不能刮進來。

下雨時，抬頭望去，能看到灰色的天空，雨落在都扣上

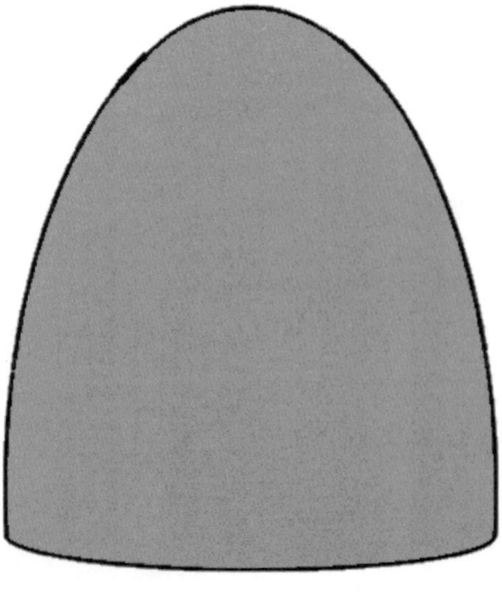

面。雨滴並不是像落在了玻璃圓頂上般四下流淌，而是在到達屋子的力場時就消失了。雨滴被力場移了位置，對海奧華人來說這是初級物理學。所以人們不能只依賴自己的感覺。

都扣中的水來自一個將空氣從外面抽進來並將空氣中水汽轉化為所需要的水的裝置，加熱過程則通過電子振動力。

這裡的床躺下去感覺像是被棉花包圍，隔絕了外部的景象和聲音，還有使人放鬆的音樂。以濤的家為例子，大約三十米高，直徑二十米，蛋形屋牆上有盞燈，燈是為了人從燈下進來確保不會撞到傢俱。進入屋內，仍感覺好像是在外面，到處能見到漂亮的綠樹，樹的間隙露出了藍中帶紫的天空，還有花和蝴蝶。唯一能讓人感到在屋內的是地毯。上面擺著看起來挺舒適的椅子和大台桌。

這裡的房子倒是挺特別的，去除了石頭的固定結構，牆也是真正做到了分隔內外，卻又不限制內外的境界。

宇莫星人（Ummo）的建築可以升降，天氣熱的話可以降到地底下，天氣涼爽的話可以升到地面上來，溫度完全可以自動調節，生活自在舒適。

3.8　外星 UFO 動力

目前科學家已經推測出好幾種外星人所使用的飛碟動力，以下舉出幾種。

(1) 反質量

因為有質量，所以產生重量，並產生互相吸引的重力，導致所有物品與生命體都受到地球影響。那如果我們把這個質量拿走呢？

「物體都有質量，那就把質量消除、或抵銷。」

以理論層面來講非常簡單，實際執行卻非常困難，甚至是趨近於不可能。反質量的深入探討會於日後的《外星飛碟動力》作深入探討。

(2) 等離子引擎

羅斯威爾事件報告中說道，通過對三艘灰人墜毀在地球上的ＵＦＯ的研究得出，他們使用的是含有反物質作用等離子引擎，可以執行亞光速飛行，這個反物質引擎可以將ＵＦＯ的速度提高到光速的75％，這種發動機的原理，是將熱等離子體能量從容器排出，大量的等離子體沿線圈被加速後注入發動機的核心部件——時空驅動器，如此可以產生局部的時空扭曲效應，進一步提高ＵＦＯ的加速能力。

這種發動機的時空驅動器採用了稱為鎂合金（MAGNIUM）的組件系統。該鎂合金是一種可以在有限時間內承受反物質粒子暴露的材料，由於它獨特的結構，可以將反物質粒子懸浮在原子的空隙中。在ＵＦＯ飛行的時候，充滿能量的反物質流，分裂成等離子體流後產生相互湮滅的巨大能量，它並在ＵＦＯ表面形成一層電磁特性，而這使得ＵＦＯ肉眼不可見。

(3) 115元素

據鮑勃（Bob Lazar）揭密，外星人飛碟的動力來源，是一種地球上不存在的重金屬元素115。元素115又叫Ununpentium（UUP），是一種超級重金屬。每一艘飛碟，只需要很少的元素115就可以產生龐大的能量。元素115在質子的轟擊下產生反物質，然後反物質會直接被輸送到飛碟尾管和一種氣體相融合。氣體物質與反物質相互湮滅後，全部轉化為能量，並通過熱能轉化機轉化為電能，同時創造出飛船自身的重力場，與地球的重力場相互作用而驅動飛船。由於115元素的核子力場被放大，並由此扭曲周圍的重力場，相關空間與時間場也隨之扭曲，這樣飛船就可以縮短空間的距離。

3.9 外星UFO墜毀

關於世界最著名的UFO事件——羅斯威爾事件，很多人都想知道真相，這裡的報告也透露了一些新的資訊，一九四六年二戰剛剛結束不到一年，世界兩大陣營的衝突就開始，當時英國首相邱吉爾在美國發表了反蘇的鐵幕演說，正式展開冷戰的序幕，美蘇兩國開始發展中遠距離的導彈和轟炸機，為了能夠在第一時間發現對方，兩國都開始研製超大功率超遠距離的雷達，一九四七年美國空軍開發的一個試驗雷達專案，可以探測幾千公里以外的目標，這種雷達的試驗場位於美國新墨西哥 州的羅斯威爾附近。

這座雷達在當時開機運行時，發佈的強大電磁波，正好干擾到了附近的UFO，或者說當時這UFO正是為了觀察這種雷達而來，當時有兩艘UFO同時處於雷達附近，這些UFO不是使用空氣動力學飛行，而是使用地球磁場，這樣他們的外觀可以是任何形狀，通常情況下電磁波是不足以影響UFO的，但是這座雷達確實讓這兩艘UFO的地磁系統發生了致命的故障，導致它們被導引到一個點上，精准的撞擊到了一起，據悉這兩艘UFO當時的速度高達每小時數千公里，強大的衝擊力讓它們裂成了碎片，裡面的成員身體通過某種安全機制得以保存了下來，但是7名成員，只有兩名活著，其中一名很快死去了 他們都是三型克隆灰人。另外地球複雜的大氣和磁場運動，也讓這些UFO墜毀過多次。

註解

1. https://www.exopaedia.org/Grays
2. Ibid.

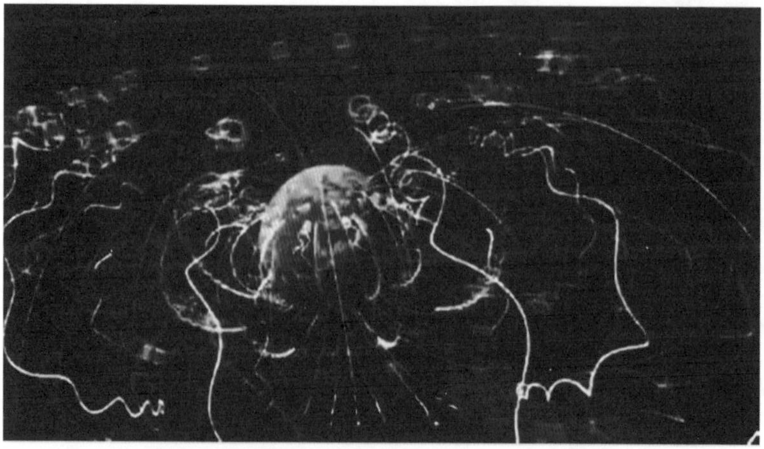

第④章 誰能夠接觸外星人——秘密研發外星超高科技

根據高灰人與艾森豪威爾總統於一九五四年下半年在愛德華茲空軍基地簽訂的正式條約規定：外星人不會干涉我們的事務，我們也不會干涉他們的。我們會對他們在地球上的存在保密。他們將為我們提供先進的技術，並幫助我們進行技術開發。他們不會與任何其他地球國家締結任何條約。他們可以在有限的和定期的基礎上綁架人類，以進行醫學檢查和監測我們的發展，並規定人類不會受到傷害，將被送回綁架點，且人類將不記得事件，並且外星人將提供MJ-12所有人類接觸者和被綁架者的定期列出名單。

此外，根據雙方約定，只要條約仍然有效，每個國家都將接受對方的大使。進一步商定，外星國家和美國將互派16名人員，目的是相互學習。外星人「訪客」將留在地球上，而「人類訪客」將前往外星人的來處一段特定的時間然後返回，此後將進行反向交換。

美國政府並且同意在地下建造基地供外星國家使用，並建造兩個基地供外星國家和美國政府共同使用。技術交流將發生在共同佔領的基地。這些外星人基地將建在猶他州、新墨西哥州、亞利桑那州和科羅拉多州的4個角落地區的印第安人保留地內，其中1個將建在內華達州51區西部邊界以南約7英里的S—4設施。

所有外星人基地都在海軍情報局的完全控制之下，在這些綜合體中工作的所有人員都會接受海軍的檢查。基地的建設立即開始，但進展緩慢，直到一九五七年獲得大量資金，施工才加速進行。

到了一九五五年，很明顯外星人欺騙了艾森豪威爾並違反了條約。在美國各地都發現了殘缺的人類骸體和動物骸體。懷疑外星人沒有向MJ-12提交完整的人類接觸者和被綁架者名單，而且懷疑並非所有被綁架者都已返回。不但如此，蘇聯曾被懷疑與他們互動過，事後事實證明這是真的。據了解，外星人正在通過秘密社團、巫術、魔法、神秘學和宗教來操縱大眾。

在空軍與外星飛船進行了幾次空戰之後，美國的武器顯然無法與它們相提並論。於是有了以下一連串措施。一九五五年十一月，頒布了NSC5412/2，成立了一個研究委員會，以探索「在核時代製定和實施外交政策的所有因素」，這只是覆蓋了真正研究主題——外星人問題的一層雪。實際上在此之前政府已經成立了一個專門研究外星人問題的研究小組。

4.1 外星研究小組

在一九五四年的秘密行政備忘錄NSC5411中，艾森豪威爾總統委託研究小組「檢查所有事實、證據、謊言和欺騙」，並發現外星人問題的真相。當媒體開始詢問研究小組內重要人物定期會面的目的時，以上NSC5412/2研究委員會的設置可充當一個必要的掩護。

第一次會議在弗吉尼亞的匡蒂科海洋基地（Quantico Marine Base）召開。該研究小組由外交關係委員會（CFR）的35名成員組成。他們大多數是來自「傑森學會」（Jason Society）的「傑森學者」。愛德華・泰勒（Edward Teller）博士受邀參加，茲比格涅夫・布里辛斯基（Zbigniew Brzezinski）博士是前18個月的研究主任。在接下來的18個月裡，亨利・基辛格（Henry A. Kissinger）博士被選為該小組的研究主任。納爾遜洛克菲勒（Nelson Rockefeller）是研究期間的常客。

第二階段會議也在匡蒂科的海軍基地舉行，該小組被稱為匡蒂科II。納爾遜洛克菲勒在馬里蘭州的某個地方建造了一處靜修所，MJ-12和研究委員會只能乘飛機抵達，這樣他們就可以在遠離公眾監督的情況下會面。這個秘密聚會場所的代號為「鄉村俱樂部」，該位置擁有完整的生活、飲食、娛樂、圖書館和會議設施。

該研究小組在一九五八年晚些時候「公開」關閉，亨利・基辛格在一九五七年發表了由亨利・基辛格為外交關係委員會寫作的被官方稱為「核武器與外交政策」的書，它由紐約的Harper & Brothers出版。事實上，當基辛格在哈佛時，手稿已經完成了80%。

研究小組繼續保密。基辛格對這項研究的重視程度的線索可以在他的妻子和朋友的陳述中找到。他們中的許多人表示，亨利每天都會早早出門並晚晚回來。回來後他不與任何人交談或回應任何人，看起來他彷彿置身於另一個世界，他的世界無法容納任何其他人。

以上這些陳述非常具有啟發性。研究期間外星人的存在和行為的揭露一定是一個巨大的震驚。在這些會議期間，亨利・基辛格的表現絕對是不合人情的。不管以後發生什麼嚴重的事情，他都不會再有此種不合時宜的表現。在很多情況下，他已經工作了一整天後，會再工作到很晚。這種行為最終導致了離婚。

外星人研究的一個主要發現是該事無法告知公眾，因為人們認為這肯定會導致經濟崩潰、宗教結構崩潰以及導致無政府狀態的國家恐慌。保密就這樣繼續下去。

這一發現的一個側效應是，如果不能告知公眾，就不能告知國會，因此項目和研究的資金必須來自政府外部。與此同時，資金將從軍事預算和中央情報局的機密未分配資金中獲得。

另一個重大發現是外星人利用人類和動物作為腺體分泌物、酶、激素分泌物、血液的來源，並進行了可怕的基因實驗。外星人將這些行為解釋為是他們生存所必需的。他們說他們的遺傳結構已經惡化，他們已不再能夠繁殖。他們說，如果他們不能改善他們的基因結構，他們的種族很快就會不復存在，此種解釋很令人懷疑。

由於美國的武器實際上對外星人毫無用處，因此 MJ-12 決定繼續與他們保持友好的外交關係，直到前者能夠開發出一種技術，使其能夠在軍事基礎上挑戰他們。[1]

MJ-12 是美國政府內部負責與主導外星相關事務的神秘機構，有關其創建與職能見《外星人傳奇（首部）》第 1 章。許多人認為 MJ-12 是騙局，也是虛假信息的來源。但實際上 MJ-12 仍然是所有這些外星人業務的領導者。它可能與以前的形式不同，並且可能有一個或多個不同的名稱，但它仍然存在。聽說真正的 MJ-12 一直使用不同的名稱，而這個 MJ-12 標識的創建是為了讓調查人員偏離軌道。在此期間，除了 MJ-12 還有幾個積極與外星人打交道的政府團體（或計劃），它們是：[2]

4.2 與外星人打交道的政府項目

1. 西格瑪（SIGMA）：最初與外星人建立通訊的項目，至今仍負責通訊。

2. 柏拉圖（PLATO）：負責與外星人建立外交關係的項目。柏拉圖與外星人簽訂了正式條約，儘管根據憲法這可能是非法的。條款是外星人會給我們技術，作為回報，我們同意對他們在地球上的存在保密，不以任何方式干涉他們的行動，並允許他們有限度綁架人類和動物。

3. 水瓶座（AQUARIUS）：該項目彙編了過去二萬五千年來外星人在這個星球上的存在歷史及其與智人的互動，它同時記錄外星人與居住在法國和西班牙邊境山區的巴斯克人（Basque people）以及敘利亞人的交往。

4. 石榴石（GARNET）：該項目負責控制有關外星主題的所有信息和文件，並對有關外星人接觸的信息和文件負責。

5. 冥王星（PLUTO）：評估與太空運輸和外星技術有關的所有不明飛行物／國際宇航聯合會（UFO/IAC）相關信息。

6. 撲擊（POUNCE）：該項目旨在回收所有被擊落或墜毀的飛船和外星人。

7. 紅光（REDLIGHT）：該項目旨在飛行測試回收的外星飛船。它在內華達州的51區夢境（Dreamland）進行。它是在外星人給我們飛行器並幫助我們克服該難題駕駛它們時創建的。最初的項目有點成功，因為我們駕駛了一架回收的飛行器，但它在空中爆炸，飛行員遇難。該項目當時暫停，直到外星人同意幫助我們克服該難題。

8. 雪鳥（SNOWBIRD）：這個項目是作為紅光項目的掩飾而建立的。使用傳統技術建造了幾艘圓盤狀飛行器，然後向媒體揭開面紗並在媒體面前飛行，其目的是解釋意外發現的飛行器或披露的紅光飛行器僅是雪鳥飛行器。

9. 月神（LUNA）：月神是月球背面的外星人基地，阿波羅宇航員看到並拍攝了它，它是一個使用非常大機器的採礦作業基地，該處並且存在目擊報告中描述為母艦的非常大的外星飛船。

10. 國家偵察局（NRO）：位於科羅拉多州卡森堡（Fort Carson），它負責所有外星人或外星人飛行器相關項目的安全。

11. 三角洲（DELTA）：國家偵察局特定部門的名稱，該部門經過專門培訓並負責相關項目的安全。

12. 加西瓦（JOSHUA）：它是開發低頻脈衝發聲武器的項目。據說這種武器可以有效對抗外星飛船和其光束武器。

13. 神劍（EXCALIBUR）：摧毀外星人地下基地的武器。它是一種導彈，能夠穿透一千米厚的凝灰岩硬土（例如在新墨西哥州發現的土壤）。導彈飛行最高點不得超過3萬英尺 AGL（Above Ground Level 的縮寫），[3]並且撞擊距離指定目標不得超過50米。該裝置設計用於攜帶一兆噸核彈頭。

據一九五四下半年簽訂的條約規定，外星人應向政府提供高科技，如果科學家以前從未見過此等高科技，他們如何知道玩具或真正複雜的設備之間的區別。外星人為我們提供了計算機系統（微芯片和集成電路）中的原始概念，我們的改進速度比他們預期的要快得多。

在此之後，外星人對他們給我們的「玩具」更加小心，因為我們已經證明我們可以在短時間內將「玩具」變成高科技。

美國政府的主要利益是收集所有可能的外星人信息，

・科學（尤其是新能源）

・技術（特別是光束武器和戰術飛機）

・醫療（延長人類的預期壽命並徹底消除致命的疾病，即從我們的社會中消除「弱者」）
・智力（尤其是精神控制）

所有以上的目標如今仍在進行中。以下略述一些與本書主要課題有關的外星人科技：

4.3 外星人的絕密科技

不明飛行物的起源可能是來自地球本身。文件顯示，政府早就知道不明飛行物的存在，並且知道它們屬於比我們更先進的物種所有。這些物種對我們的地球並不陌生，只是更先進，他們已經在這裡生活了數百萬年，在發展上遠遠領先於我們。（他們可能認為我們是外星人。）中央情報局存儲來自跟踪系統和深海聲納的數據，但即使是科學家也無法獲得關於這些居住在地幔（mantle）中的外星人的數據，那裡的條件或多或少地穩定了數百萬年。

這些外來物種似乎能夠在不同的溫度下生活，他們能夠以更快的速度蓬勃發展和發展智力，並且以高速度進化。因為他們在地幔中的生存條件保護了他們的文明免受發生在地表的許多災難。

普遍的共識是，從他們的角度來看，我們只是螞蟻，他們並不在乎我們。但軍方正在考慮侵略的可能性，目前的非緊急行動計劃包括在深洞中引爆核武器以「封鎖」敵人，以期破壞他們的通訊，防止來自地球內部的進一步襲擊。外星人植入物 是不明飛行物學中的一個術語，用於描述被外星人綁架後放置在某人體內的物理物體。植入物聲稱的能力範圍從遠程呈現到精神控制再到生物遙測（後者類似於人類標記野生動物以方便進行研究）。與一般的不明飛行物主題一樣，由於缺乏可驗證的證據，「外星人植入物」的想法很少受到主流科學家的關注。

以下所列是一些目前已知的外星人科技：

(1) 具有維度因素和／或維度起源的外星飛船

要理解這個概念，必須意識到我們生活在一個由10個維度組成的宇宙，它包含9個空間和1個時間。但在地球上，我們只使用4個維度，它包含3個空間和1個時間，因為在地球上，6個維度被壓縮在一個抽象維度上。

根據兩位物理學家 約翰·施瓦茨（John Schwartz）博士（美國）和 邁克爾·格林（Michael Green）博士（英國）的理論，我們原子結構的粒子具有10維的一致性。對於要建立的系統，在 大爆炸之後，維度崩潰並產生了6個其他維度壓縮到一個維度的效果。

外星人使用了他們稱之為諾德瓦格因素（Nordwag Factor）的知識，他們增加了一個大的加速度或粒子場，並重新創建了一個新的維度空間。這意味著外星飛船的內部比其外部尺寸要大得多。一些類似的方面影響超過第3維（空間）和第4維（時間）到6個其他維度，因此宇宙的真相是多宇宙（Multiverse），而不是單一的宇宙。我們的宇宙只不過是多宇宙的一個部分。

(2) 脈衝推進引擎

我們目前（一九九〇年四月四日）沒有關於基本的里格爾人（參宿七）星艦的曲速驅動（Warp Drive）操作的太多可用數據，但我們知道它們的工作原理是內含反物質的等離子激勵（Plasma-Energized）。我們得到了在亞光速下使用的二級脈衝發動機系統。這種聚變反應可以以高達75％的光速推進飛行器。脈衝驅動系統的工作原理是將熱等離子能量廢氣從容器中排出。這種等離子體廢氣不是在實驗室環境中產生的簡單等離子體物質的副產品，而是在聚變反應堆安全殼系統中產生的高能等離子體。

大量的等離子體首先沿著一圈磁線圈加速到高速，然後注入時空驅動線圈，這是脈衝發動機系統的核心部件。這些線圈對局部時空連續體產生有限的扭曲（與局部靜止場的扭曲相似），並進一步將脈衝發動機的能量和速度加速到接近相對論的逃逸速度。[4]

(3) 速度齒輪驅動推進發動機

最常見的外星「母艦」的主要推進系統是 FIF-2M 多場速度齒輪驅動（Multi-Field Speed Gear Drive）。在正常操作下，FIF-2M 多場速齒輪驅動系統可以 8 速齒輪的速度推動巡航艦，它是地球光速的數倍（？），具有 9 檔及以上的緊急速度。這個大型驅動系統的核心是控制物質／反物質碰撞的鎂合金水晶組件。

鎂是迄今為止發現的唯一一種可以在有限時間內承受暴露於反物質粒子的材料。由於其獨特的晶體結構，鎂可以維持反物質粒子懸浮在其原子之間的空白空間中，此時鎂原子或反物質原子的湮滅可以忽略不計。如果晶體有缺陷，其結構將允許過多的反物質原子接觸正常原子，從而以可測量的速度降解（degrading）晶體本身的結構。這被稱為鎂去結晶化（Magnium decrystalization）。

鎂水晶裝在巨型塑料（MEGAPLASTIUM）（或外星語言中的「MMGPLTUM」）的裝甲搖籃中，這是文明種族已知的最堅硬的物質。在正常運行期間，物質和反物質通過單獨的等離子注射器被引入到速度齒輪引擎核心。鎂水晶組件直接放置在兩個物質流的路徑中，否則它們會與爆炸性釋放的能量發生碰撞。相反，反物質粒子從組裝塊中的鎂晶體表面滑過，反物質原子在與鎂原子的反應中分裂，然後以非常高的能量重新組合。

這些新結合的原子在組件中從一個晶體傳遞到下一個晶體時會接收到額外的能量電荷。自然地，一些鎂原子和反物質會在晶體表面發生碰撞，周圍的磁線圈則包含能量和這些碰撞產生的輻射。

來自鎂晶體組件的鎂帶電反物質流現在分裂成單獨的等離子流，這些等離子流沿著電力傳輸機艙的磁性引導，改進後的反物質流導致相互湮滅並釋放出巨大的能量。鎂被帶電的反物質原子破壞的副產品就是釋放出的獨特的電磁特性，它從而產生圍繞母船的速度齒輪場。[5]

所有速度齒輪驅動系統都屬於以下類型之一：

・標準速度齒輪驅動單元創建一個單一的速度齒輪場，當飛船在太空中移動時該齒輪場圍繞飛船，允許它以超過地球光速移動。

・變速（Trans- Speed）齒輪驅動系統創造了一個類似的領域，但改進了通過將速度齒輪場的一部分投影到船前的原始設計。這會產生一種自然的乘數現象，僅用最小的能源成本即可增加速度。

・多速齒輪傳動系統。所謂的母艦結合了上述兩種系統，以創建多速齒輪場發動機設計。雖然母艦因其尺寸而非真正的變速齒輪驅動船，但它的變速齒輪系統確實比替代的變速齒輪驅動器更具有優勢。

母艦齒輪驅動通過沿每個舷外發動機外殼的一對單獨的速度齒輪單元發揮作用。這4個單元中的每一個都在飛船穿過太空時將其自己的速度齒輪場投射到飛船的前方。這些領域重疊，這導致一艘母艦大小的船隻達到高速齒輪速度，以及幾乎瞬間從亞光速轉換到高速齒輪速度。

它還可以實現近乎瞬時的跳躍到更高的速度檔位，而無需磁封建立時間（magnetic containment build-up time）。在老一代的速度齒輪系統中，速度齒輪發動機單元內的物質 - 反物質混合溫度必須在飛船從一個速度檔位移動到下一個檔位之前，仔細重新校準以接受更高的壓力。增加周圍磁場強度所需的時間可能需要幾個地球秒到幾個地球分鐘。[6]

(4) 球形生物監測和控制裝置或植入

球形生物監測和控制裝置（The Spherical Biological Monitoring and Control Device，簡稱SBMCD）是一種技術有機增強型突觸處理器（synaptic processor），由微正電子流提供動力，通過微繼電器（micro-relay）複製腦紋模式的操作來控制或模擬人類神經系統的功能。

通常，在綁架過程中，灰人會通過鼻腔將3毫米裝置（SBMCD）插入到接近被綁架者大腦的位置。實施潛意識催眠後所做的建議，可能會迫使被綁架者在接下來的2至5年時間內執行某些特定行為。

通常情況下，SBMCD只能在被綁架者死亡時移除，試圖在被綁架者活著的時候移除它意味著一定會死亡。[7]

(5) 外星人與電磁頻譜

讀完這份文件，您心中應該沒有任何疑問，有智能生物竟然可以操縱或將任何類型的物體物質化到我們的空間中。讓我們看一下電磁頻譜。如您所知，我們的視覺光譜僅佔整體的一小部分。

看看不明飛行物涉及哪些光譜：[8]

- 紫外光譜
- 藍光譜（飛碟進入現場的光譜）
- 青色光譜
- 綠色光譜（UFO可見光譜）
- 黃色光譜（UFO處於脆弱狀態的光譜）
- 紅色光譜
- 洋紅色（Magenta）光譜
- 紅外光譜（UFO正在出發的光譜）
- 熱光譜（UFO場）
- 無線電光譜

(6) UFO殘骸中使用的外星文物[9]

(a) 生物掃描儀

該生物掃描儀通過感應Alpha、Beta、Gamma、Kirlian、Tetha和X射線發射群中的身體放射，用於現場確定生命形式的一般醫學狀況。

掃描儀的功能與微型診斷中心的功能非常相似，通過感應距離很近的個人或有機體的物理輻射。

音頻信號通過其周期或音調，能指示以下十個重要讀數之一：

· 體溫
· 血壓
· 脈搏率
· 呼吸頻率
· 基礎代謝率
· 信元率（Cell Rate）
· 肺活量
· 心臟活動
· 大腦活動
· 穩態偏差（Homeostatic Deviation）

該掃描儀旨在用於單一物種，儘管它對生理上相似的生命形式的診斷用途有限。對於視覺讀出，掃描儀可以將信號傳輸到生物計算機，計算機上的燈光具有與振盪音調相同的功能，並且根據需要可以增強它以便對生物進行更詳細的評估。

注意：普通醫生必須經過廣泛的培訓才能從掃描儀發出的聲音中「讀取」精確信息，並且沒有簡單的方法可以讓外行人做同樣的事情。

(b) 噴霧器

噴霧器是一種小型圓柱形表皮藥物分配器，通過在拇指和食指之間按壓裝置的主軸來使用。雖然它能夠分配各種液體、泡沫和凝膠，但它通常在現場使用時使用一種有機肌肉色化合物來加壓，該化合物作為凝血劑以阻止血液流動，以及一種抗生素來防範感染。

溫和的局部麻醉劑可以減輕受影響區域的疼痛。塗藥器包含大約5至10劑，具體取決於現場操作所需的量。

(c) 現場閱讀器管（The Field Reader Tube）

當低功率掃描不能有效診斷患者狀況時，例如可能具有厚表皮的物種，此時使用讀取管。它將壽命讀數從傳感器頭傳輸到4個獨立的激活燈，這些燈通過其強度或週期指示以下內容：

・綠色：心率
・紅色：脈搏率
・藍色：體溫
・黃色：血壓

導管的尖頭傳感器端必須與患者暴露的皮膚直接接觸。由於讀取管提供的讀取範圍較窄，因此適用於任何生命形式。

(d) 手術刀（Surgical Scalpels）

手術套件中包含6把手術刀，類別：ABR-5，切割寬度從1到5埃單位（angstrom units）不等。通過抓住圓柱形底座激活，它們採用會聚激光束（Laser beams）進行非常精確的皮下切口。

(e) 皮膚移植激光（Skin-Grafting Lasers）

(1) 型低功率激光用於通過關閉切斷的血管和神經末梢來快速無痛地治愈外部傷口，同時刺激受害者的合成代謝（建設性新陳代謝，即組織再生）。

(2)型激光也可用於移植皮膚（用手術刀從身體較不敏感的部位切除）到組織受損或完全受損的區域。應該遵循這個程序，因為它確實是必要的。通過按下背桿增加壓力來激活激光，導致強度增加。

(f) 血液吸引裝置（The Blood Attracting Device）

這個設備是一個力場的發射器，就像某種可以聚焦波束或粒子束的 Tractor-Beam 發射器。該設備用於定位血紅蛋白細胞並通過皮膚吸引它們，使用引力電磁聚焦爭奪（Gravitational Electromagnetic Focus Contention）原理。該裝置也可用於排斥，或相互排斥和吸引模式，以抓住和保持靜止，排斥或吸引較大的物體。

該設備可以在180／360度全方位運行，幾乎可以在任何角度運行。由於光束有其局限性，波粒的壽命很短，並且會在更遠的距離（即超過100米）分解成副產品。

4.4 美國政府的機密技術[10]

《外星人傳奇——首部》提到美國／秘密政府可能開發了自己的圓形飛行器，它們部份是基於二戰期間納粹德國科學家進行的絕密反重力實驗。道西基地前安全官托馬斯．卡斯特羅（Thomas Castro）在受訪時說，當他在照片安全部門工作時，聽到了很多談話，從未見過證明，但有一次在空軍中，他沖洗了一卷膠卷，它展示了像 ADAMSKI 一樣的飛行器，旁邊有一個「卍」納粹標誌。[11]

因此，美國政府的機密技術必然地大比重的包含了反重力飛行器部份，雖然如此，但它並非本書討論的重點。除了它之外，美國政府還機密地發展了以下技術：

(1) 神秘直升機與牛殘割

直升機本身曾出現在有ＵＦＯ報導的地區，在很多國家。在一些更有趣的描述中，神秘直升機與ＵＦＯ一起出現或在ＵＦＯ被發現後不久出現。在英格蘭有記錄的神秘直升機浪潮中，記載東方外貌的乘客被放置在一架身份不明的直升機中。

多年來，斜眼、橄欖色皮膚、東方外觀的乘客一直是ＵＦＯ敘述的核心和外圍的主題，大量臭名昭著的「黑衣人」（MIB）也有類似的經歷。有著相似外表，但很多時候他們被視為對光敏感的非常蒼白和憔悴的男人。最突出的推測性說法解釋了直升機墜毀的關聯性，它們有以下幾種可能性：

- 直升機本身就是不明飛行物，偽裝成地面飛行器。
- 直升機來自美國政府軍隊內部，它們直接參與了實際的牛殘割行動。
- 直升飛機是政府所有，與殘害無關，但正在調查中。
- 直升機是政府所有，他們知道殘害者的身份和動機，並通過他們的存在試圖轉移注意力到軍方介入的可能性。

通常神秘直升機屬於 DELTA/NRO 部門。對於正常的殘害研究任務，他們會派出一架直升機，由七名特工和兩輛遙控車輛（Remote Piloted Vehicles，簡稱ＲＰＶ）組成。ＲＰＶ是由外形相似、直徑3英尺的小圓盤組成的小型裝置，由無線電控制。

(2) ＲＰＶ

注意：這輛車是由加利福尼亞的 Aerojet Electro-Systems 製造的

RPV還攜帶一個監視機器人機載遠程操作設備（Airborne Remotely Operated Device，簡稱AROD）。它是一個帶有尾巴的飛行圓盤，3英尺寬，機上裝有高科技攝像機。同樣從上方監看著監視設備的是一種稱為高空長續航無人機（High-Altitude Long-Endurance Drone，簡稱HALE）的設備。

HALE旨在達到高達十萬英尺的高度。該設備由主直升機的微波提供動力。

(3) XH-75D

・轉子型（Type Rotor）：先進葉片系統，實驗研究演示器。

・發動機：1台一千八百二十五馬力 Pratt & Whitney 發動機、加拿大 J60-3A 渦輪噴氣發動機、渦輪軸發動機和兩台三千磅（一千三百六十一公斤）Pratt & Whitney Turbo。

・尺寸：3個槳葉的直徑，雙主旋翼是36英尺長（10—97m）機身長度40英尺。

・性能：

○最高速度（平飛）276 MPH (445 Km/h)

○爬升速度五千英尺／秒。

一些直升機（XH-75D型）也有重力電磁投影儀，可以在直升機周圍製造一個「繭」作為偽裝。半徑約為50英尺的360度全局弧提供光子（photonic）力場。

激活後，變成不明飛行物，沒有慣性和加速效果。這提供了82%更高的攻擊保護。在正常的殘割研究任務中使用時，XH-75D型黑色直升機可搭載七名特工、2台RPV和1架HALE無人機。

4.5 與外星人通信的閃光計劃

閃光計劃（Project Gleam）是一個高度機密的項目，它處理

與「來訪者」的直接溝通。新的通信技術處理多頻發送單元。單元將多個頻率指向特定方向。

高速發送系統允許光束以極快的速度推進，許多人對此並沒有太多了解。洛斯阿拉莫斯和幾個承包商，包括 EG&G、BDM、摩托羅拉（Motorola）、里斯本公司（Risburn Corporation）和桑迪亞（Sandia），都參與了這個項目。該設施建於內華達州試驗場 Site 40。一個謠言是「訪客」為我們提供了這項技術，它使我們能夠以比過去更快的方式與「來訪者」進行交流。

該計劃的一部分涉及使用化學激光器推動通信光束。如前所述，多個頻率被放在一個波束上並被推向目標或接收器。接收器然後增強能量並將信號重新發送到另一個點（繼電器？）。不知何故，化學激光推動了光束，從而以比正常速度更快的速度推進它。

基於「閃光計劃」，美國可以與我們的「訪客」進行交流。通信系統是一個複雜的、高度機密的中繼站和衛星系列。這通信系統被稱為「梯隊」（Echelon）。它由國防通訊局（Defense Communication Agency.）管理。

「訪客」（按：應指埃本人）在以下日期來到這個星球或向我們提供了直接通信鏈接：

(1) 一九六四年四月——新墨西哥州索科羅（Socorro）

(2) 一九六九年四月——新墨西哥州白沙（White Sands）

(3) 一九七一年四月——新墨西哥州白沙

(4) 一九七七年四月——新墨西哥州白沙
(5) 一九八三年十一月——據信是柯特蘭空軍基地（Kirtland AFB）
(6) 一九九〇年十一月六日——新墨西哥州白沙
(7) 一九九七年十一月——內華達試驗場（Nevada Test Site）
(8) 一九九八年十一月——內華達試驗場
(9) 一九九八年十一月——內華達試驗場
(10) 一九九九年十一月——內華達試驗場
(11) 二〇〇一年十一月——內華達試驗場
(12) 二〇〇九年十一月——內華達試驗場。

二〇〇一年十一月十四日，星期三，埃本人登陸內華達州

以上提到的埃本人，他們來自距地球三八．四二光年的恆星系統，其本質並不是灰人，但外表像灰人，且與灰人同屬集體制文明，受同一系統節制。他們與灰人一樣，都涉及人類綁架（雖然次數較少）與醫學實驗，因此常被錯誤歸類為灰人一族。下文將針對外星人（特別是里格爾人（Regelians））的綁架與精神控制進行較詳細討論，它是解開道西地下生化實驗室秘密的第一把鑰匙。

註解

1. Carlson, Gil. The Yellow Book. Blue Planet Project Book #22, eBook, 2018, pp.53-56.
2. Carlson, Gil. The Yellow Book. Blue Planet Project Book #22, eBook, 2018, pp.69-72.

3. AGL測量確定了地面以上的高度，當飛機在其上方飛行時，該測量值會隨著地球地形的變化而變化。例如，如果一架飛機最初在地面以上一萬英尺處穩定飛行，那麼一萬英尺高的山會使AGL成為0，

4. Carlson, Gil. The Lost Chapters, 2014, Wicked Wolf Press, p.28

按：此書的資料來源與註解7相同。

5. Ibid., pp.28-29

6. Ibid., pp.29-30

7. Carlson, Gil, 2013. Blue Planet Project: The Encyclopedia of Alien Life Forms, Wicket Wolf Press, pp.78-80

據編撰者吉爾．卡爾森（Gil Carlson）說明，《Blue Planet Project》資訊被認為是一位科學家的個人筆記和科學日記（它顯然是一個秘密的、未經授權的筆記本，它記錄了他參與了一項高於最高機密的政府計劃的行為），他與政府簽訂了數年合同，他得以訪問所有墜機地點，審問捕獲的外星生命形式並分析從該努力中收集的所有數據。他還在接觸到的任何文件上寫了註釋，這些文件以任何方式直接或間接地與收集此類數據的組織、結構或操作有關。我們相信他參與這些調查跨越了33年時間。政府發現此人保留並維護了此類個人筆記，因此計劃終止。他險些被政府終結生命，他於一九九〇年立即躲藏起來（目前正躲在這個國家之外）。據稱杰斐遜．索薩（Jefferson Souza）被認為是疑似藍色星球計劃作者，但無法證實。

最初的藍色星球計劃筆記本是一九九一年五月三日至七日在亞利桑那州圖森（Tucson）舉行的

第一屆國際不明飛行物大會上由其所有者手寫的。這些筆記本是灰色的組合圖筆記本，上面有關於外星人的草圖、示意圖、公式、圖表和信息及從世界各地的各個站點收集的數據。邁克爾·雷爾夫（Michael Relfe）在一九九一年左右的UFO會議上親自看到了原始裝訂筆記的複印件。

（Also see Gil Carlson, The Lost Chapters, 2014, Wicked Wolf Press, pp.4-6）

8. Ibid., p.80
9. Ibid., pp.80-83
10. Carlson, 2013, op. cit., pp.83-86
11. Interview With Thomas Castello Dulce Security Guard by Bruce Walton〔aka Branton〕In Beckley, Timothy Green, Christa Tilton, Sean Casteel, Jim McCampbell, Dr. Michael E. Salla, Leslie Gunter, Bruce Walton. Underground Alien Bio Lab At Dulce: The Bennewitz UFO Papers. Global Communications (New Brunswick, NJ). 2009, pp.105-106

第⑤章

如何精神控制人類——外星人高科技手段解析

外星人（灰人與爬蟲類）為了達到精神控制人類及進一步奴役人類的目的，他們的通常做法是在被綁架人體內置入某種植入物，以上過程的詳細解說見下文說明：

5.1 爬蟲種族的起源

五十年代，灰人 開始對大量人類進行實驗。到了六十年代，速度加快了，他們開始變得粗心。到了七十年代，他們的真面目已經很明顯了，但美國政府的特殊團體仍然不斷地為他們掩飾。到了八十年代，政府意識到為時已晚，對小灰人沒有任何防禦措施。因此，制定了節目（媒體、電視、漫畫、廣告、書籍、雜誌、卡通等），為公眾與非人類外星人的公開接觸做好準備。90年代初（一九九一年），這些計劃仍在繼續，並且運行良好。

灰人和爬蟲動物／天龍人（Reptoid/Draco）彼此結盟，但他們的關係處於緊張狀態。灰人只知道北歐人和蜥蜴類爬蟲族（Reptilian Race 或 Reptilians）是他們的敵人，（不要混淆7～8呎高的爬蟲動物（Reptoids）／德拉科與5呎高蜥蜴類雙足動物或爬行動物（Reptiloids）之間的區別，因為它們是完全不同的種族）。為了從稱呼上加以區別起見，稱前者（Reptoid）為「天龍族」或「蛇族」，而稱後者（Reptiloids）為「猛龍族」（Raptors）。如此稱呼後者的原因是據傳它們是恐龍（人類出現之前的地球霸主）的後代，在小行星撞地球之前外星人救出了它們的其中一些，帶返其母星，加以DNA改造，促成其進化，多年後猛龍族返回地球申述其權力。

一些人認為爬蟲族是在現代人類之前生活在地球上的古代種族的一部分，它們正尋求收回他們的世界，而另一些人則認為他們完全是外來生物，以某種方式找到了地球並將其視為自己的。很少有人相信爬蟲族是仁慈的，甚至在其他所謂的超凡脫俗的物種中，爬蟲族也經常被描繪成危險的物種。

爬蟲和蛇的圖像在整個地球的藝術作品和岩畫中都可以找到，它帶有關於人類起源和命運的隱喻。世界各地的幾個古代民族都描述了爬蟲類生物，有些描述了爬蟲類人形生物。在眾多神話中常見的是它們對人類懷有敵意。在澳大利亞，土著人談到了一種生活在洞穴地表下的爬行動物種族。據說，黑山（Black Mountain）下古老的洞穴地下密室就是這樣的地方。

然而，在道西基地下已經存在一個古老的洞穴系統。幾個世紀以來，天龍人（爬蟲類人形生物）使用這些洞穴和隧道。後來，通過蘭德公司的計劃，這些洞穴系統一再擴大。最初的洞穴包括冰洞和硫磺泉，「外星人」發現它們非常適合他們的需求。此外，道西基地似乎是地表和地下爬行動物活動的主要「通過」點，地表特工的中央「滲透」區，以及誘拐-植入-肢解議程的行動基地，也是地下穿梭碼頭及不明飛行物港口等。

這些爬蟲類人形生物的起源：

這些爬蟲類人形生物是他們的父種族——鳥頭生物 卡里亞人（Carians）的創造物。他們在獵戶星座的阿爾法天龍星（Alapha Draconi）系統中的一顆行星上進化。

爬行動物的王室血統是龍人（Draconians），他們對普遍法則有著高度複雜的知識，據稱對「地球上的神秘學派教義」負責。

現在，據稱這些爬蟲人被卡里安人賦予了一個創造議程。他們將穿越宇宙並摧毀沿途發現的任何現有文明，重建新的DNA代碼和重建遵循這些代碼的實體。它是一個總體計劃的一部分，一個普遍的遊戲，極性整合，衝突中的現實，情感實驗，導致靈魂在其存在周期結束時進化。[1]

幾個世紀前，地表人（有人說是光明會（Illuminati））與一個隱藏在地球內部的「外星國家」簽訂了協議。美國政府於一九三三年同意用動物和人類作為貿易手段與外星人交換高科技知識，並允許他們在美國西部使用（不受干擾的）地下基地，美國因此成立了一個特別小組來與外星人周旋。因此，一九四〇年代，這些「外星生命形式（ALF）」開始將業務重點從美州中部和南部轉移到美國。

大陸分水嶺（Continental Divide）對這些「外星實體」至關重要。部分原因與該地區磁性（底層岩石）和高能狀態（等離子體）的存在有關〔參見《Beyond the Four Dimensions: Reconciling Physics, Parapsychology and UFOs by Karl Brunstein, 1979》and《Nuclear Evolution: Discovery of the Rainbow Body by Christopher Hills, 1977》〕。這個特殊區域有非常高的閃電濃度活動、地下水道和洞穴系統及大氣等離子層。一個重要的問題是：這是誰的星球？

這些外星人認為自己是地球的「土著地球人族」（Native Terrans），他們先於人類居住於這個星球。他們是遠古種族（爬蟲人（Reptilian Humanoid Species）的後裔）與智能人類（Sapient Humans）

雜交的人形物種。實際上他們擔當的是正在返回地球（他們古老的前哨）的另一個外星文化（德拉科（Draco））的代理人，而德拉科人正將地球用作其殖民其他地區的中轉站。

但是，這些外星文化在地球正面臨「它是誰的星球之問題」的衝突。與此同時，精神控制被用來讓人類「就範」，尤其是四十年代以來更是如此。

由於古代文明已經描述了爬蟲類生物，幾乎可以肯定，這些古代文化中的一些已經與這些生物有過接觸。不然這些古人怎麼可能像古代蘇美爾文明一樣，能夠製作出如此精細的這些生物的俑和雕像？

最後，無論是否神話，我們都不應忘記，「新世界秩序」（NOW）精英與一群爬蟲類人形生物合作，目的是建立一個全球控制系統，他們是全球陰謀背後的力量，旨在通過欺騙、間諜活動和精神控制來操縱和控制人類。。

根據更激進的陰謀論團體的說法，爬蟲族還成功地滲透到了人類之中，並以強大的政治領袖的形式統治著世界，能夠隨意塑造人類，並慢慢致力於完成傳說中的新世界秩序概念·。一些陰謀的基督教圈子認為，爬蟲族根本不是外星人，但認為他們是惡毒陰謀的一部分，該陰謀涉及建立一個名為「新世界秩序」的世界法西斯政府，以及會引發此類事件的虛假狂喜／外星人入侵，最後導致世界各國政府的統一。雖然主流基督教沒有特別教導，但聖經中從未完全否認虛假狂喜的想法。事實上，在新約中的許多地方都暗示了即將到來的「大騙局」（Great Deception）。但至於這個大騙局會是什麼，以及如何表現出來，基督徒不能肯定地說。但他們中的許多人相信它即將到來，並且「老蛇」在其背後。[2]

在光譜的另一端，一些新時代團體和不明飛行物派系將 爬蟲類視為和平與啟蒙的仁慈使者，這受到其他新時代運動的嚴厲批評，後者為了滲透並獲得權力，將 爬蟲類（很像灰人）視為利用人類信仰的操縱性外星人。[3]

至於兩足爬行動物，他們也稱蜥蜴人或龍族，通常被認為是爬蟲類人形生物，在幻想、科幻、小說、不明飛行物學和陰謀論中扮演著重要角色。兩足爬蟲動物的想法被大衛·艾克（David Icke）推廣，他是一位陰謀論者，他聲稱變形的爬蟲族外星人通過採取人類形式並獲得操縱人類社會的政治權力來控制地球。艾克曾多次表示，許多世界領導人是或被所謂的兩足爬行動物所控制。[2]兩足爬行動物與爬蟲動物常被一般人視為是同一物。

兩足爬行動物通常是類人恐龍，有鳥一樣的腳、可見的胸肌、張開的臉、有力的下巴、鋒利的爪子和背部帶有小指的翅膀，可以飛行。另一種類相似於變色龍，包括有鱗片的眼睛，眼睛上方有一對角，手臂下有翅膀。[4]

政府中的一些勢力希望公眾了解正在發生的事情，而其他勢力（合作者）希望繼續為少數精英在即將到來的衝突中倖存下來做出任何必要的交易。未來可能會帶來法西斯「新世界秩序」或人類意識的轉變。

5.2　外星人綁架與取樣過程

灰人類型和一些北歐人處於外星力量的頂端，他們一心想違背自己的意願綁架數百萬人（在我們的歷史上），使他們接受激烈的醫療調查並實施其他侵入性行為。據被綁架的女性報告說她們曾被外星人授精，後者正在試圖雜交我們的物種，他們正在為即將到來的與外星種族的戰爭培育奴隸戰士。

[5]前道西基地安全官托馬斯・卡斯特羅的訪談透露，外星人綁架時最常尋找的人類類型是二十出頭或三十出頭的嬌小女性，五到九歲的黑髮男孩，二十多歲到四十多歲的中小型身材男性。男孩們之所以受到青睞，是因為在那個年齡，他們的身體正在迅速成長，而且他們的原子材料可以適應轉移室。年輕的小女人通常非常容易生殖。男性則用於收獲精子。托馬斯不知道為什麼外星人更喜歡小個子而不是平均大小身材的男人。[6]

為何人類這麼容易就會遭受外星人綁架？這除了外星人船堅炮利（具有高科技裝備）之外，據托馬斯的訪談透露，他們還掌握了原子物質。他們可以像我們穿過水一樣穿過牆壁！他說這不是魔法，只是物理。我們可以學習做同樣的事情。它與隨意控制原子有關。[7]

關於外星人檢查的最常見區域，醫學上確定的一致性模式如下：

・鼻腔
・耳朵
・眼睛
・生殖器
・僅限女性的臍（肚臍）區域。

這些區域似乎是進行綁架的外星人最感興趣的物理區域。許多被綁架者描述了遭一個末端有一個小球的細探針插入鼻孔，通常在右側。被綁架者能夠聽到一種破碎的聲音，因為該區域的骨頭顯然被穿透了，相信這是當他們植入一個用於在未來與被綁架者進行跟蹤和通信的設備時發生的。許多被綁架者在這些檢查後會流鼻血。

預防措施：建議作為已知或疑似被綁架者的父母，觀察他們的孩子是否有任何無法解釋的反復流鼻血的證據。建議立即帶孩子去看兒科醫生，了解流鼻血的性質。

許多研究人員認為，外星人技術被用於將植入物（我們在後文的其他部分將討論植入物）插入以上提到的區域，以便將來跟踪個人。有趣的是，許多接受鼻腔探查的人現在有慢性鼻竇炎的未來病史。

記錄在案的證據還表明，一些被綁架者的眼睛和耳朵已經被類似的儀器探查過了。由於眼睛受波及，被綁架者可能會出現暫時性失明、視力模糊、眼睛腫脹、流淚和疼痛（眼炎）、急性結膜炎（眼睛發紅和煩躁及俗稱「紅眼」的眼睛發炎）。這些人患白內障也有一些可疑的歷史。

已經在小腿（包括脛骨或脛骨上方）、大腿、臀部、肩部、膝蓋、脊柱以及背部和前額的右側觀察到疤痕。

通常從被綁架者和／或目擊者身上採集的生物樣本指出他們可能在睡著時或某種形式的麻醉下，外星人從女性身上採集了血液、卵母細胞（ova）和從男性身上採集了精子，並從對象的耳朵、眼睛、鼻子、小腿、大腿和臀部採集了組織刮片。

還有一些間接證據表明標本可能取自以下：唾液、玻璃體房水（眼液）、腦脊液、尿液、糞便、頭髮和指甲。

我們認為所有被綁架者在接受檢查前都做了某種準備。一些目擊者報告說他們接受了「口服液」藥物，其他人則在他們身體的各個部位使用類似於術前「準備」的液體溶液；一些人報告說，代理外星人檢查員「心靈感應地」傳遞了鎮靜效果，和／或將儀器應用到頭部，使人深度放鬆或失去知覺。

接下來，我們將概述我們認為被綁架者（通過某種類型的術前麻醉）接受的三個檢查階段：

1. 第一階段 - 術前被綁架者處於某種類型的暮光睡眠狀態，他們處於一定的恍惚狀態或發呆狀態。這種黃昏睡眠狀態可能是由幾種不同的東西引起的，從身體內的液體應用，外星人的特定有意識建議，外星人使用我們的某種形式的激素或酶來刺激神經化學反應，或者某種類型的未知技術。

與這個引發很多問題的階段有關的一個奇怪提示是：為什麼只有這麼少的被綁架者記得脫掉衣服？因為在「淺睡眠狀態」的過程中，他們會收到一個潛意識命令，以抹去綁架過程中更多的創傷時刻。有些命令是如此強烈，以至於只有少數被綁架者僅能在催眠狀態下才能夠清楚地記住他們的經歷。

2. 第二階段 - 程序進行身體檢查；例如探查、插入、探查身體、取活檢體、血液或皮膚樣本。

在這個階段，被綁架者可能在程序執行過程中處於半昏迷狀態。有些人實際上經歷了痛苦。儘管有反對意見，外星人似乎對受害者的痛苦無動於衷；另一方面，在這個階段，一些被綁架者被給予更重的鎮靜劑以平息他們的恐懼和憂慮，並使他們不記得這些程序有任何痛苦。

3. 第三階段 - 術後之後，被綁架者和／或目擊者說他們的身體感到酸痛或筋疲力盡，好像參與了劇烈的活動；一些人解釋說，感覺他們被折騰或「被麥克卡車（Mack Truck）撞了」。

這類似於「箭毒」（Curare）的已知效果，一種源自南美洲的藥物，可誘導治療性肌肉麻痺。[8]

一些記錄在案的被綁架者經歷的身體痕跡與我們公認的一些醫療程序相當吻合。最突出的是一種叫做「腹腔鏡」的儀器，它是一種圓柱形的管狀儀器，帶有特殊的光學附件，穿過女性的臍（肚臍）區域，用於探查女性器官。

使用這種特殊儀器，醫生能夠觀察所有女性器官以確定是否存在任何異常，並從卵巢中獲取

OVA-EGGS。

大多數被綁架的女性都感到自己體內似乎被「炸飛」了，下腹部感到巨大的壓力和陰道區域的不適。在腹腔鏡檢查過程中，大約有兩升二氧化碳被注入腹腔。這會導致腹部擴張，從而更好地觀察女性器官。一些女性可能會因通過臍部放置的長針狀器械留下疤痕。

5.3 被外星人受孕

與腹腔鏡手術相關的是一種新的不孕症治療方法，稱為配子輸卵管內移植（Gamete Intra-Fallopian Transfer，簡稱ＧＩＦＴ），它通過將精子和卵母細胞直接放入不孕女性輸卵管進行體內受精來治療不孕症。與體外受精（ＩＶＦ）相比，ＧＩＦＴ促進自然生理過程以實現懷孕。

男性被綁架者報告說，陰莖上有一個管狀裝置，可導致射精以進行精子取樣；這對個人來說非常不舒服。大多數人說他們會持續短暫的小損傷，然後很快就會消失。其他人聲稱曾與外星混血女性進行直接性交，表面上也是為了取回精子。

大量證據表明被綁架的女性接受了婦科授精。這些事件導致懷孕，大多數由婦科醫生進行陽性妊娠試驗。在這些懷孕並發現出血的情況下，醫生通常會進行盆腔超聲波掃描（超聲波掃描檢查子宮內的妊娠情況）以排除先兆流產或流產（妊娠失敗）。該測試最早可以在五週內檢測到懷孕。

因此，可以通過兩種不同的婦科檢查來確認懷孕。需要注意的是，政府使用被綁架的普通醫生收集了大部分以上和以下數據，而患者一無所知，而且大多數情況下醫生知之甚少，並威脅說如果他們說話，他們就會被「永久」撤銷執照。

在我們看到的情況下，隨後是外星人綁架，通常是在懷孕大約8到10週時。在此期間，外星人會取回和／或取出妊娠。在此期間，女性可能會或可能不會出現斑點或出血。令人費解的是，這樣的妊娠如何能夠完整地取出，而不會導致外星人對提取的胚胎造成死亡或傷害。

為了使特定的事物繼續下去，必須立即使用幾種方法來維持提取的胚胎的生命。我們懷疑某種類型的模擬宮內生長保育箱用於維持妊娠；或者也許使用了外星混血女性，其作用是充當代孕母親。對於我們今天的醫療技術來說，重新植入胚胎的技術非常困難。

可以推測對女性被綁架者進行人工授精的幾種替代組合：

1. 外星精子加雌卵
2. 男性精子加女性卵子，（在這種情況下，外星人選擇了一種特殊的男性）。
3. 雄性雜交精子，（A和B的組合）加上雌性卵子。注意：在所有情況下顯然都需要女性人類卵子。

· 雜交——他們聲稱RH O-（O陰性）血液是雜交的證據，我們自己的科學傾向於證實他們的說法。

· 我們知道這群外星人有撒謊的傾向。由於這是他們發明的「設備」（如上文所述），他們可能能夠像好萊塢技術人員操縱設備以產生「特殊效果」或以全息攝影（hologram photography）的騙局一樣操縱它。[9]

5.4 遺傳密碼秘密修改

在關注對被綁架者進行的婦科和生殖程序時，我們必須堅信存在某種類型的持續基因操縱正發生在各個家庭世代中。為澄清起見，我們必須使用一些醫學術語來解釋具體事實。

基因操作的方法在於人類基因細胞的脫氧核糖核酸（DNA）分子。這些基因控制著所有細胞的繁殖和日常功能。據估計，人類細胞中可能有三萬到四十萬個必需基因，它們以長長的線性陣列組裝在一起，與某些蛋白質一起形成稱為染色體的棒狀結構。來自某些個體的染色體，通過某些改變技術，形成一種習慣排列或稱為核型（Karyotype）的「標準化格式」。

我們相信外星人正在研究的是對單個染色體核型上的遺傳密碼的操縱，特別是尋找突變模式（Mutation Patterns）。突變模式將允許他們重新排列某些基因座（LOCI）遺傳術語上的遺傳編碼，即染色體中基因的特定位點。[10]在遺傳學中，基因座（複數 Loci）是染色體上特定基因或遺傳標記所在的特定固定位置。每條染色體攜帶許多基因，每個基因佔據不同的位置或基因座；在人類中，23條染色體的完整單倍體組中蛋白質編碼基因的總數估計為一萬九千──二萬。[11]

以這種方式，他們將能夠在各種染色體中試驗大量基因座，從而在後代中產生新的基因型個體。也許每一代家庭都經歷了外星人進行的不同類型的類似的實驗類型。除此，還有更驚人的說法，它指出外星人在完善了其基因實驗之後，擁有大量繁衍的能力。

前道西基地安全官托馬斯・卡斯特羅透露，洛斯・阿拉莫斯與道西的基因實驗負責人是拉里・迪文（Larry Deaven）。根據托馬斯的說法，外星雌雄同體繁育者能夠進行孤雌生殖（parthenogenesis）。

在道西，常見的形式或繁殖是多胚（polyembryony）。每個胚胎可以並且確實分為6到9個單獨的「兄弟姐妹」（cunne）（發音為cooney，即兄弟姐妹）。

發育中的「兄弟姐妹」所需的營養由「配方」提供，該配方通常是由血漿、脫氧血紅蛋白、白蛋白、溶菌酶、陽離子、羊水等組成。術語「基因組」（genome）用於描述特定生物體（或生物體內的任何細胞）所特有的染色體的總體，與基因型（genotype）不同，基因型是那些染色體中包含的信息。人類基因被映射到特定的染色體位置。這是一個雄心勃勃的項目，需要數年時間和大量的計算機能力才能完成。[12]

5.5 多層次外星人操縱的影響

外星人控制和操縱最有趣的方面是，他們使用的技術允許對危及人體物理性的粗密度和細密度進行單獨和不同的操作。

他們有能力將一個人放在桌子上，讓他或她進入沉睡，用靜電荷電擊他或她，分離他或她的更精細的身體部份，並隨意操縱他們。對涉及身體形成力量的更精細部份的操作在身體層面具有巨大的影響。

它們也有能力從人類身上提取經驗和記憶，並將這些經驗和記憶放入另一個身體或容器中，無論容器是天然的還是合成的。

這些類型的操作會影響一個人的意識離開身體的能力、情緒反應模式和編程、處理心理障礙的能力以及許多其他參數。[13]

問題似乎總是出現，如果這些外星人可以生產合成組織，為什麼他們不能長出軀幹或創造一個合成克隆來為他們生育胎兒。為什麼他們必須在這個過程中使用人類？答案有兩個主要部分。

1. 第一個是他們需要基因輸入。雜交的全部原因是為了豐富生物體的遺傳能力，為此它們需要人類基因。

2. 答案的第二部分是他們需要針對胎兒或人類情感和心理體驗的影響。混合體（hybrid being）將發展出不斷增長的感知力（不像合成體（synthetic），感知力不會超出由矩陣決定的生理學，編程（programming）是設定的）並且必須面對這些因素。

然後有人會問為什麼他們不能坐下來向克隆人投射精神能量（當然是使用人工方式）。答案是情感成分會丟失，而精神能量也不會那麼純淨。

混血胎兒在大約90個地球日內從人類身上提取出來，然後在完全外星環境中繼續發育。整個過程導致人類女性宿主過早外化（premature exteriorization），這只會增加由於身體虛弱而受到外星人操縱的脆弱性。在雜交育種過程中，人類雌性宿主的身體會被操縱。

在某些情況下，為了看似促進發育中胎兒的健康，可能含有汞和其他金屬的牙齒填充物已從人類口腔中被取出。[14]

被綁架者可能會經歷綁架相關的醫療異常，它們是：[15]

1. 異常血細胞
2. 眼睛、皮膚、鼻子和／或肛門的植入物
3. 腹瀉，多見於男性

4. 便秘，多見於女性
5. 來來去去的肩痛
6. 下腰痛，三節椎骨，從下腰椎開始
7. 膝蓋痛，痛處位在膝蓋骨下的膝蓋處
8. 接觸後立即出現皮疹，可能是由輻射引起的
9. 鎖骨凹陷處與頸部連接處的腫塊，可能導致手臂或手臂麻痺或半麻痺
10. 動脈位置錯誤，可能表示動脈植入物
11. 懷孕與誘拐時期有關，通常是小胎兒
12. 嬰兒可能有不尋常的外表
13. 有超感知覺（ESP）和／或超過自己年齡心智的孩子
14. 眼瞼，在壓力下可能會收縮和向外滾動
15. 眼睛或許能透過緊閉的眼皮看東西
16. 身體上的視覺標記
17. 身體在視覺上存在的疤痕或幾何形狀
18. 一九四三年出生的人腿後部的疤痕，似乎表明皮膚刮傷，即克隆
19. 睡覺時聽到耳邊嗡嗡聲、嗶嗶聲或調製音
20. 當他們感覺到「最後一次呼吸的感覺」時，可能只是離體體驗的副作用
21. 床的晃動，伴隨著身體的四肢漂浮或上升

22. 腦海中看到的幾何符號
23. 一夜好眠後，早上感到疲倦。感覺好累，睡覺學習
24. 離體體驗
25. 超感知覺的突然發展
26. 歪脖子
27. 頸部有多餘的椎骨
28. 底部肋骨上有雞蛋大小的腫塊
29. 檢查後疣形成幾何形狀，似乎來自某種儀器造成的。

5.6 快速灌輸過程

在一種方法中，戴上帶有電線的頭盔（舊的 Zeta Reticulae-2 技術，幾乎已過時）和針。一個水晶立方體被放入頂部的壁龕中，一種頻閃燈與被綁架者的腦電波共振。被綁架者的腦袋裡充滿了圖片，這些圖片逐漸形成了一種反應模式。

被綁架者被賦予了一個學習的動作、模式、反應系統，並且可以在很短的時間內接受訓練以完成一項複雜的任務。

有時被綁架者被催眠或讓其睡著了，並使用高頻微波發射作為快速灌輸的方法。快速灌輸處理眼波，利用此方法將編碼數據發送到他或她的神經／脊反應系統。該數據稍後可能由預先安排的刺激響應信號觸發，該信號將被

存在於被綁架者的環境中。有時，生物能量場本身被用作載波，數據以聲音代碼符號編碼。

灰人混合種（里格爾人和 貝特魯烏斯坦人（Beteloiustans））有一個有趣的變化，被綁架者坐在屏幕和計算機控制台類型前並與圖像在全息顯示器上互動。[16]

5.7 MK-Ultra 計劃

我們正在離開消耗性資源的時代，比如石油產品。未來的力量是可再生資源，如生物工程產品。道西基因研究最初是在「黑預算」保密（數十億美元）的幌子下資助的。

他們（指影子政府）對智能一次性生物（類人動物）感興趣，可以進行危險的原子、（鈽）推進和飛碟實驗。他們通過世界生物基因研究中心洛斯阿拉莫斯完善的過程克隆了自己的小型類人生物，現在他們有了可支配的奴隸種族。

與灰人（EBEs）一樣，美國政府秘密地讓人類女性懷孕，然後在大約90天後移出混血胎兒，就像外星人一樣。然後在實驗室中加速它們的實驗室生長生物基因，（DNA操作）編程被灌輸，它們被植入並通過常規RF（射頻）傳輸以達到遠距離控制目的。

許多人也被植入大腦收發器，這些收發器充當心靈感應通道和遙測大腦操作設備。該網絡網絡由DARPA（國防高級研究計劃署）建立。其中兩個程序是：

・R.H.I.C.（無線電催眠腦內控制）

・E.D.O.M.，（記憶的電子溶解）

大腦收發器通過鼻子插入頭部，這是他們從小灰人那裡學到的。這些設備在蘇聯和美國以及瑞典使用。一九七三年瑞典首相帕爾梅（Palme）授權瑞典國家警察局將腦發射器可暗中插入人的頭部。美國政府還開發了極低頻（ELF）和電磁波（EM）傳播設備，這些射線會影響神經並導致噁心、疲勞、易怒，甚至死亡。這與理查德．薛弗（Richard Shaver）等作家的「泰勞格」（Telaug）機制基本相同。[17]

這項對生物體內生物動力學關係的研究（生物等離子體）已經產生了一種可以改變遺傳結構、治愈甚至殺死人的射線。[18]

以上兩個程序的發展見以下說明：

說起外星人的綁架事務，就不得不說政府做的類似程序的事情，「MK-Ultra 計劃」。在開始談論這個項目之前，讓我們先談談我們必須了解的關於不明飛行物、外星人和政府的歷史。

幾千年來，幾個外星種族一直在監測人類的遺傳過程。它們在地球上的存在從上個世紀（一九〇〇年代）以來變得更加強烈，我們開始了基因改變，起初非常緩慢，然後非常迅速。

第一次世界大戰期間，德國發現來自外太空的生物，擁有令人難以置信的高科技，在地球附近徘徊。在第二次世界大戰後期，日本和德國科學家聯合發現了高低頻脈衝聲音。當設置為特定時，它會影響外星飛船。他們知道這一點，因為在30年代後期，德國正在測試一種用於掃描天空中奇怪飛行器的設備，他們嘗試將外星人飛行器從天空中轟下，他們終於得到了一個。他們回收了飛行器，從那時起希特勒接管了一切，德國政府試圖了解和使用令人難以置信的外星人高科技，為他們提供統治地球的能力。他們試圖建造一種原始的運輸工具，甚至是一種強大的光束武器，但外星人並不認同德國統治世界的哲學（即外星人並不認同納粹的殘殺猶太人政策）。外星人在他們失去了優越的高科技之前進行了調解，並爆發了一場戰鬥，這場戰鬥德國人並未使用其高科技優勢，而是使用常規手段。

一九四六年，杜利特爾將軍（General Doolittle）前往斯堪的納維亞調查有關「幽靈火箭」（Ghost Rockets）的報導，這是斯堪的納維亞語中「飛碟」（外星飛船）的稱呼，據報導有成百上千的目擊事件。然後在一九四七年六月，美國發生了私人飛行員肯·阿諾德（Ken Arnold）在華盛頓州雷尼爾山（Mount Rainier）的目擊事件，政府對此非常擔心。隨後新墨西哥州事件發生，美國政府開始採取直接行動對付地外生物實體（EBEs）。MJ-12是秘密政府內的一個政府機構，它與外星人間存在著合作、支持和反對的錯綜關係。實際上MJ-12僅為自己利益盤算。關於其他外星物種，（約170種不同的物種：人類、類人動物和非人類）它們或是敵對的、或是中立的、或是朋友，但現在讓我們談談MK-Ultra計劃。

MK-Ultra計劃是一個正在進行的、臭名昭著的中央情報局項目，其重點是「精神控制」。許多被報導的綁架案件可能不是與外星人的互動，確實，據稱不明飛行物被綁架者的磁分辨率掃描顯示出腦內植入物的跡象，許多不明飛行物綁架研究人員堅持認為這些植入物必定是外星人涉足人類事務的結果，但一些植入物是一種地球技術，由何塞·德爾加多（Jose Delgado）博士在一九五〇年代所發明（見他的著作《心靈的物理控制》）。使用這些小型設備，實驗者可以通過遠程刺激大腦來引發受試者行為的變化。MK Ultra「子項目95」繼續進行這項工作的大部分。德爾加多繼續完善技術，無需使用侵入性程序即可獲得相同的結果。

我們還應該注意到，在一九七〇年代初期，加州大學洛杉磯分校的路易斯·喬里恩·韋斯特（Louis Jolyon West）博士是一位與MK-Ultra項目密切相關的科學家，他希望在洛杉磯附近聖莫尼卡山脈的一個廢棄的耐克（Nike）導彈基地上開設一個暴力行為研究機構。該研究所將提供一個理想的遠程各種精神控制技術的實踐地點，包括心理外科、植入和催眠程序操作。

處理 MJ-12 的 NRO 安全操作，MK-Ultra 項目也用於製造虛假信息，比如宣稱的不明飛行物綁架者的真相訴說（至少他們認為是真相），或者當外星證人與外星人互動時編程他們完成某些事情的能力任務。（注：有時外星人攔截了任務，有時沒有。這似乎是某種關於外星人使用的政府間諜技術）。此外，政府利用家人和／或朋友對可能的證人、接觸者和／或被綁架者進行此類程序監控以收集數據。這種由 MK-Ultra 項目主導的數據收集方式混淆了問題的本質。總之，我們有外星人接觸者／被綁架者，然後我們有政府的接觸者／被綁架者。

政府的接觸者／被綁架者有時被稱為自殺間諜小隊，因為政府認為他們是可消耗的。我們有外星人植入物（尺寸從50微米到3毫米不等的小裝置），然後是德爾加多博士的 MK-Ultra 植入物。這一切的動機或許就像溫斯頓．丘吉爾爵士說的那樣：「真相如此珍貴，必須時時刻刻被謊言的保鏢保護著」。除了外星人綁架案，我們還關注 MK-Ultra 活動日益嚴重的問題。

我們談論的是「來自美國情報界的植入間諜」的臭名昭著的工作，他們已經完成了數千甚至數百萬的案例，其中包括擦除記憶、催眠抗酷刑、真相血清、催眠後建議、快速催眠的誘導、大腦的電子刺激、非電離輻射、腦內聲音的微波感應，以及許多已被使用的更令人不安的技術。

我們已經討論了一些綁架植入物以及如何製造它們，以及是誰在地球上製造它們的。現在我們必須談談另一個危險，「遠程催眠」。遠程催眠未必是人與人之間的事情。被綁架者或精神控制受害者，他們甚至不需要與讓催眠建議生效的催眠師接觸，即可以誘導出神，並且通過腦內發射器（植入物）

提出建議。

一些秘密研究人員掌握了一種名為「RHIC-EDOM」的技術。RHIC代表無線電催眠腦內控制（Radio Hypnotic Intracerebral Control），EDOM代表記憶的電子溶解（Electronic Dissolution of Memory）。這些技術一起可以遠程誘導催眠恍惚，向受試者提供建議，並擦除教學期間和受試者被命令執行的行為的所有記憶。

RHIC使用刺激器或球形生物監測和控制裝置（SBMCD），兩者都是該技術的微型化後代，可誘導催眠狀態。有趣的是，這種技術也被認為涉及使用肌肉內植入物。刺激這些植入物以誘導催眠後的暗示。EDOM無非就是《Missing Time》本身，抹去從意識到大腦某些區域的突觸傳遞（synaptic transmission）受阻記憶。通過過量的乙 膽鹼（acetocholine）干擾大腦的突觸，沿著選定路徑的神經傳輸可以受到電磁方式的影響，並且可以有效地停止。現代研究的微波心理生理效應證實了這個提議。

催眠幾乎不是MK-Ultra涵蓋的唯一主題。Maji、美國國家航空航天局（NASA）和中央情報局（CIA）科學家們還徹底檢查了心理調節、感覺剝離、毒品、宗教崇拜、微波、心理手術、腦植入物和超感知覺（ESP）。[19]

5.8 植入物的的早期歷史

根據研究員彼得·羅傑森（Peter Rogerson）（他通常對外星人綁架的說法持懷疑態度）的說法，據稱真正的外星人植入物的想法可以追溯到一九五〇年代，作為所謂的「薛弗之謎」的一部分。[20] 薛弗之謎聲稱「德羅」（Dero），一個地底下的險惡文明，正在綁架人們進行酷刑。羅傑森寫道：

一九五七年三月版的 Long John Nebel 廣播節目以約翰．羅賓遜（John Robinson）為主題材，他是吉姆．莫斯利（Jim Moseley）的助手，報導了一個非常恐怖的、乍聽不是很合理的綁架故事。其要點是，一九四四年，羅賓遜有一位名叫史蒂夫．布羅迪（Steve Brodie）的鄰居，有一天，他（在羅賓遜的公寓裡）看到了一份雷．帕爾默（Ray Palmer）的一本以德羅（Dero）為題材的雜誌。布羅迪喊道：「他談到了德羅！」，然後繼續告訴羅賓遜他在一九三八年如何與同伴一起向西探礦。一天，他們遇到了兩個戴著兜帽的神秘人物，他們用一根棒狀裝置指著布羅迪並癱瘓了他。當同伴試圖逃跑時，他們朝他開槍，布羅迪聽到他尖叫，聞到燒焦的肉味。當其中一個人把「小耳機」放在他耳後時，他失去了知覺。他之後來到一個據一些囚犯稱是德羅的洞穴，每當他的大腦開始清醒時，戴兜帽的人就會調整耳機，讓他再次失去知覺。

兩年後，他終於醒悟過來，走在曼哈頓的街道上。布羅迪向羅賓遜展示了他耳朵後面的傷痕累累的斑塊，它們比一個銀元小一點。由於他的磨難布羅迪聲稱他不能吃肉……時間過去了；羅賓遜離開了公寓，但在返回探訪時發現布羅迪已經消失了。另一位鄰居告訴羅賓遜，他在亞利桑那州見過布羅迪，像殭屍一樣四處遊蕩。我們大概應該得出結論，他又回到了德羅的控制之下。

正是在這個不太可能的故事中，我們第一次遇到了植入物（在耳朵後面）和其他綁架者的主要物事，如麻痺棒和門口失憶症。在後來的幾年裡，巴德．霍普金斯（Budd Hopkins）和大衛．邁克爾．雅各布斯（David Michael Jacobs）等人主張普遍推廣外星人綁架的想法，包括與綁架相關的不尋常「植入物」的報導。

約翰．麥克（John E. Mack）博士在他的《綁架》一書中聲稱：「我自己研究了一個1/2到3/4英寸的薄而結實的物體，它是我的一個客戶給我的，一個24歲的婦人，在一次綁架經歷之後被從其鼻子取出。」對該物體的檢查顯示它由碳、矽、氧和其他微量元素的扭曲纖維組成，但沒有氮。

外星人植入物曾在外星人綁架場景的虛構治療中出現，例如在一九九〇年代流行的電視節目 The X-Files 和 ABC 喜劇電視劇《城堡》（Castle）的其中一集。[21]

下文是布蘭頓關於精神控制植入物的一些感言：

我知道一個人去讓醫生移除了一些植入物。植入物是通過鼻腔從大腦的神經中樞取出的，她的一些神經在這個過程中受損。這種神經損傷導致了一種瀕臨死亡的體驗，隨後，當她醒來時，她感覺自己已像一個新人，或者其他一直在她身上運作的身份現在已經消失了。

一些神秘主義者可能將擁有人類思想的外星智能稱為「步入式」（walk-ins）。許多人所說的「步入式」通常是人工智能矩陣植入物，它們附著在人腦的神經中樞。這些作為寄生蟲宿主能力的外星集體的「節點」，允許外星人在意識改變狀態被誘導並且人類主體的個體意識喪失能力後從身体上利用人類主體。這種向「交替意識」的轉移通常發生在晚上。此外，惡意和「相對」仁慈的其他世界文化往往會在人類主體中誘發一個或多個「替代」人格，這些人格被教導或編程為在「其他」領域工作和運作。

如果個人在他們的「有意識」生活中是左腦主導和右撇子，那麼在替代生活中他們可能是右腦主導和左撇子，就像我自己難以捉摸的替代身份一樣。除了說人類有一個兩個半球的大腦之外，說我們在一個顱骨中有兩個大腦同樣合理。在許多涉及更仁慈（benevolent）的類人生物的情況下，個體可能會閃現雙重或交替存在的記憶，在那裡他們與外星人、地下人甚至其他維度的人形社會互動，通常以親密的身份，在某些情況下甚至作為星艦船員或飛行員。在仁慈的不干涉主義者的情況下，這種替代人格可能是與人族互動的一種方式，而不會違反不干涉法則並干擾地球人的有意識生活，儘管我本人認為即使這樣也會延伸不干涉主義到了極限。

然而，在惡毒（malevolent）的情況下，這種替代身份是通過強烈的精神控制技術編程的，目的是為外星集體製造無意識的精神奴隸。在這種情況下，他們的干預主義議程的保密和恐懼是保持保密的動機。然而，特別令人困惑的是，當一個人，就像我個人的情況一樣，被仁慈和惡毒的外空間文化注入了交替的人格或身份。在我個人的情況下，這涉及通過植入物被修補到一個外星集體思想——阿斯塔（Ashtar），並被該集體的黑暗面或阿斯塔集體中的干預主義元素使用，例如一些接觸者所說的獵戶座滲透者，他們 渴望利用自己的職位建立絕對控制權，目的只是為了後來讓聯盟中一個更仁慈的派系重新編程這個或另一個替代人格矩陣。

更仁慈的派係要麼加入一個單獨的聯邦，要麼是一個屬於集體本身的派系，但又捲入與其黑暗面的持續衝突，它是一個反對干預主義 者控制議程派系 的滲透者。一個人無法理解可能在一個人的頭腦中肆虐的心理鬥爭的重要性，直到陷入兩個對立的替代人格之間的交火，其中一個是個人主義者，另一個是集體主義者，他們正在奮力拼搏以 支配一個人的無意識存在。

在這種情況下，最好的辦法就是盡可能多地檢索被壓抑的記憶，整理出整個混亂，吸收並有意識地控制那些對他們最有利的思維模式，並消除這些有害的思維模式。我不會欺騙你，這樣的過程有時會很痛苦。畢竟，根據自由代理的普遍法則，究竟個人主義者或是集體主義者的人格何者將對個人擁有最終影響力，最後將取決於一個人的根本個人意識。對於那些正在閱讀這篇文章並且覺得他們可能已經被編程為在外星人遭遇時被激活的替代外星人格的人，我要說一個絕對的事實，根據普遍法則，這個集體主義替代人格必須服從你有意識的意志的要求。其他任何事情都將直接違反不干預法。即使沒有外星心理技術的幫助，某些精神病學家也充分意識到如果他們能夠接觸到某些情報機構和神秘兄弟會使用的被壓制的精神控制技術，則催眠誘導人類體內的替代人格是多麼容易。[22]

5.9 外星人植入物的案例

一九九五年，內科醫生大衛・普里查德（Dr. David Prichard）報告說，從幾名供認的被綁架者的腳趾上移除了植入物。足病醫生羅傑・萊爾（Dr. Roger Leir）也聲稱在嚴格的科學條件下做了同樣的事情。他在兩名疑似被外星人綁架的女性的腳上發現了植入材料。有趣的是異物周圍明顯沒有組織腫脹。

這是非常不尋常的，因為任何經歷過木頭或金屬碎片卡在皮膚上的人都會作證。當然，對移除材料的分析違反了科學，儘管這些材料被描述為是具有陶瓷成分的玻璃狀材料。至於植入物的用途，這完全是個謎，但有人建議它們可能充當跟蹤裝置，或者旨在加強心理分析。

二〇一二年，來自印第安納州一個小鎮的單親媽媽南希帶著她14歲的兒子安東尼去看牙醫，進行年度清潔、檢查和進行牙科X光檢查。她沒有料到，X光片顯示她兒子的下巴上有一個奇怪的未知物體。他們每年都去看牙醫，但直到三年後的二〇一五年，他們才被安排進行另一系列的X光檢查。這次，牙醫透露，X光片顯示，在她兒子的左下臼齒下方，下巴中存在金屬ＦＢ（異物）。沒有任何入口傷口的證據，牙齒健康、無痛且無症狀。牙醫們完全困惑，無法解釋這個神秘物體的存在。

沒有任何解釋，只有一個。這個解釋太古怪了，南希不確定她是否能接受。所到之處，「外星人植入物」的字眼不停出現。當南希向她的兒子詢問此事時，他承認他實際上與不明飛行物有過親密接觸。他還做著關於外星人的夢。

南希大吃一驚。她一直都知道她的兒子很特別。作為一個非常小的孩子，他曾經看到神。隨著他的成長，他開始表現出許多強大的心靈能力，並且每天都會體驗到預知、千里眼和令人難以置信的同步性。現在有不明飛行物目擊事件。這一切都可以聯繫起來嗎？

就在二〇一二年拍攝第一張X光片前不久。一天晚上，安東尼和他的朋友在外面散步時，天空中出現了一團奇怪的藍色和黃色亮光。亮光從他們頭頂低垂下來，開始閃爍鮮豔的色彩。他和他的朋友都相信這是一個真正的不明飛行物。

南希現在發現自己很著迷。她需要確切地知道她兒子的情況。然後，在二〇一七年五月五日晚上，南希遇到了灰人外星人。她看著一個灰人站在臥室門口，另外兩個灰人開始在安東尼身上工作。其中一個灰人通過心靈感應告訴她，她不需要擔心她的兒子。「不要害怕，」他告訴她。「一切都好。我們不是來傷害你的。一切都會好起來的。」

到了早晨，南希告訴安東尼發生了什麼事，她感到如釋重負。兩人都想知道他明顯的外星植入物是否還在那裡。他們計劃在幾週後進行另一組X光檢查，因此他們渴望看到。

當他們到達牙醫的辦公室時，他拍了兩張X光片。第一張表明神秘物體仍然存在。但在第一次拍攝後的大約30秒拍攝的第二張X光片顯示植入物已經消失。震驚的牙醫免費拍了第三張X光片。令所有人驚訝的是，植入物又回來了，其中一位牙科技師對這個謎團感到非常不安，她不得不離開房間。

南希開始回憶起自己的遭遇，一直追溯到童年時期，當時她在鼻腔中發現了一個神秘的「腫塊」。她還對在她的一生中拜訪過她的灰人有著生動的記憶。

然後，在二〇一八年十一月，南希被帶上了不明飛行物。令她驚訝的是，UFO內部被「裝扮」成非常像客廳，配有沙發、椅子、電視和廉價地毯。但她確信自己在一艘飛船上，尤其是在一個9英尺高的螳螂 外星人 進入並開始對她和飛船上的其他人進行手術之後，她更是如此認為。

南希沒有恐懼。她確信外星人不會傷害她。她和安東尼都接受了他們是不明飛行物接觸者的事實。儘管如此，他們更願意將他們生活的這方面保密，並選擇保持匿名。他們只想過正常的生活。

今天，南希和安東尼繼續他們的生活。安東尼仍然每天都有心理體驗。但它們，就像他的植入物一樣，已經成為他生活中正常的一部分。[23]

5.10 對外星人植入物的科學分析

許多人聲稱外星人將小物體植入了人的鼻子、腿和其他身體部位。有時這些被認為是用於測量身體功能或記錄受害者其他有用數據的跟蹤設備或儀器。更可怕的是，它們是控制設備，被外星人用來操縱大腦化學水平或神經功能。然而，很難發現這些植入物究竟是什麼，因為外星人顯然不太熱衷於將他們的設備移除、X光檢查或掃描。

許多「植入物」神秘地消失了，甚至還有人們打噴嚏時將它們噴出的故事。被綁架者米歇爾·拉維涅（Michelle La Vigne）報告說，一個「植入物」在展示給任何人之前就溶解了。大衛·雅各布斯

（David Jacobs）表示，大多數植入物從被綁架者的身體中取出後就會消失。

然而，以研究綁架而聞名的哈佛精神病學教授約翰・麥克（John Mack）已經能夠在實驗室中分析其中一些稀有的植入物體。其中一個結果是「一種有趣的扭曲纖維，由碳、矽、氧、和其他一些微量元素組成，不含氮」。這可能意味著它是任何數量的普通世俗事物。其他的顯然是「正常的生物材料」，它們可能來自被綁架者自己的身體。另一種經過徹底分析的植入物取自被綁架者理查德・普萊斯（Richard Price）。物理學家大衛・普里查德（David Pritchard,）對其進行了多次測試，但他再次得出結論，它是地球生物起源的。

當然，也可能是外星人非常聰明，他們可以將植入物偽裝成任何他們喜歡的東西。約翰・麥克總結道：「……期望一個本質很微妙的現象……將其秘密交給在較低意識水平上運作的認識論或方法論，這可能是錯誤的。」

綽號「外星獵人」的 德雷爾・西姆斯（Derrel Sims）收集了幾個假定的植入物。大多數是微小的陶瓷或金屬物品，但他的收藏中也有一些人牙。他與羅傑・萊爾（Roger Leir）博士一起試圖分析通過手術從被綁架者身上取出的物體，但到目前為止，還沒有令人信服的證據表明任何分析物體具有外星[24]特徵、不尋常元素或複雜外星技術的跡象。迄今為止的所有研究似乎都表明「植入物」根本不是那樣。

下文提供外星綁架的真實案例，從中讀者可以理解外星人為何綁架人類？如何綁架人類？何種人容易遭綁架？綁架後他們對受害者做了什麼？

註解

1. The Dulce Base, by Jason Bishop III, in Dulce Warriors: Aliens Battle For Earth's Domination. Timothy Green Beckley, Sean Casteel, Tim R. Swartz, etc., Inner Light/Global Communications, New Brunswick, NJ., 2021, p.68-69
2. https://villains.fandom.com/wiki/Reptoids
3. https://en.wikipedia.org/wiki/Reptilian_conspiracy_theory
4. https://getterrobo.fandom.com/wiki/Reptiloids
5. Interview With Thomas Castello Dulce Security Guard by Bruce Walton〔aka Branton〕In Beckley, Timothy Green, Christa Tilton, Sean Casteel, Jim McCampbell, Dr. Michael E. Salla, Leslie Gunter, Bruce Walton. Underground Alien Bio Lab At Dulce: The Bennewitz UFO Papers. Global Communications (New Brunswick, NJ). 2009, p.120
6. Ibid., p.133
7. Ibid., p.120
8. Carlson, Gil, 2013. Blue Planet Project: The Encyclopedia of Alien Life Forms, Wicket Wolf Press, pp.92-96
9. Ibid., pp.96-97
10. Ibid., p.98

11. https://en.wikipedia.org/wiki/Locus_(genetics)
12. Carlson, Gil. Secrets of the Dulce Base: Alien Underground, Wicked Wolf Press, 2014, p.64
13. Carlson, 2013, op. cit., p.103
14. Ibid., p.105
15. Ibid., p.106
16. Ibid., p.109
17. 理查德·薛弗等人所著的序列書《The True Story Of The Shaver And Inner Earth Mysteries》描述，如何處理頭腦中的聲音，它們與古代 Telaug 發射器和心靈感應有關。
18. Carlson, 2013, op. cit., pp.110-111
19. Ibid., pp.36-39
20. 理查德·夏普·薛弗（Richard Sharpe Shaver, 1907–1975）是一位美國作家和藝術家。一九五八年他出版了專門討論「薛弗之謎」的 荒誕不經的 特刊。在二戰後的幾年裡，他因撰寫有爭議的故事而聲名狼藉，這些故事刊登在科幻雜誌上（主要是一些驚人的故事），他聲稱自己親身經歷了一個險惡的古代文明，它在地面之下的洞穴中隱藏著奇妙的技術。爭議源於薛弗和他的編輯兼出版商雷·帕爾默（Ray Palmer）的主張，即薛弗的作品雖然以虛構的形式呈現，但基本上是真實的。薛弗的故事被雷·帕爾默宣傳為「薛弗之謎」（The Shaver Mystery）。
https://en.wikipedia.org/wiki/Richard_Sharpe_Shaver
21. Carlson, Gil, 2014. Lost Chapters, Wicket Wolf Press, pp.70-71

22. 轉載自 "Dulce and Other Underground Bases and Tunnels." By William Hamilton III. In Timothy Green Beckley, Sean Casteel, Tim R. Swartz, Dulce Warriors: Aliens Battle for Earth's Domination. Inner Light/Global Communications (New Brunswick, NJ), 2021, pp.249-251

23. Gil Carson, Alien Abductions and CIA Mind Control Experiments: The CIA Involvement in Alien Abductions. 2022, pp.29-30

24. Ibid., pp.31-32

第⑥章

外星人綁架真實案例——受害者親身經歷的描述

邁娜．漢森與克里斯塔．蒂爾頓兩人的綁架案值得特別重視的原因是，受害人對於綁架過程的敘述明確。例如過程中何種人在身旁、身體受異物侵入時的感覺、看到何種外星人，尤其邁娜更是親睹牛遭ＵＦＯ綁架及小牛遭支解的實境。雖然她們都無法確切指出被帶至何處，只能描述該處的周遭環境與布置。但這已經足夠，我們知道它是處在地下軍事基地。克里斯塔的案例更是指出，她極可能被帶到道西基地的第七層……

6.1 邁娜．漢森綁架案

二〇〇〇年三月八日記者兼國際通訊員保拉．哈里斯（Paola Leopizzi Harris）代表ＵＦＯ披露小組對邁克爾．沃爾夫（Michael Wolf）博士進行了採訪。在訪談中，她談及不明飛行物學領域對所謂的外星人的仁慈或敵對性質存在分歧，其中包括暗示許多暴力綁架是黑行動的上演，旨在傳播對外星人的恐懼和懷疑一事。邁克爾說有一部分反外星力量試圖讓人們對綁架感到困惑，這些綁架有時更像是全息圖像（holographic images）的操作。事實上，有幾個案例，他們（指被綁架者）能夠將手臂和手指穿過這些所謂的外星人，而它們並不是外星人，然後他們偶爾會看到制服和人類。後者在全息程序中犯了錯誤。他並說，大多數（外星）人都是仁慈的。偶爾有些人會穿過外星屏障，但他們通常不會回來。一旦被發現和識別，他們就不會回到這裡（指地球）。一旦他們有隱藏的議程，一旦他們被發現，他們就被禁止來這裡。[1]

沃爾夫博士對外星人的期盼也許樂觀了些，以下案例更能說明一些真相。一九八〇年五月五日，邁娜·漢森（Myrna Hansen）有了現在被稱為綁架的經歷。該日晚上，她開車返回新墨西哥州鷹巢（Eagles Nest）[2]的家中時，在西馬龍（Cimarron）附近看到一道亮光正將一頭母牛吸進一艘只能被稱為是ＵＦＯ的東西，至少有其他兩人目睹了這一事件。邁娜原本希望當天晚上九點左右返回家中，但直到凌晨一點才返抵家門。當她回到家中時她電警局。接案警官將她轉介給加布·瓦爾德茲（Gabe Valdez）警官，後者過去曾處理過許多母牛遭殘割的案件，瓦爾德茲又將她轉介給保羅·本尼維茨（Paul F. Bennewitz, 1927-2003），加布知道保羅·本尼維茨對牲畜殘割和不明飛行物感興趣。本尼維茨早期對殘割牛產生興趣的原因是，他認為掠食者（如山獅或熊）和偷獵者無法解釋牛屍體呈現的景象。

兩天後（5月7日），邁娜來到保羅住所，保羅見了邁娜之後，他被後者的綁架故事所深深吸引。保羅堅信她已經被植入了某種可以控制她的設備，該設備並且使她無法記住發生的一切，因此他帶邁娜去見懷俄明大學心理學家李歐·史普林柯（Leo Sprinkle）教授。由後者在其車內進行催眠以讓她回憶發生的事情。過程中窗戶上貼有多層鋁箔，以防止電磁信號進入或離開車子，這些特別措施應是在本尼維茨的建議下所為，他認為受害人體內已被植入某些東西，而外星生物正在向她發出某種射線，並控制著她的潛意識。

正是在這數次的催眠過程中，邁娜講述了她被帶到地下基地的經過，而保羅則推測它位在道西附近。保羅為何有此推測？因為早在一九七八年他就懷疑道西附近存在一個外星人地下基地（見後文），他的思維自然很容易將邁娜的綁架與道西基地連貫在一起。後來，理查德·多蒂（Richard C. Doty）（當時任柯特蘭空軍基地的ＡＦＯＳＩ特工）向她暗示，她可能被帶到了新墨西哥州北部的一個地下武器儲存設施。

邁娜·漢森進入地下基地12年後與女作家克里斯塔·蒂爾頓（Christa Tilton）聯繫上，據她告訴後者聯繫的原因是，她不高興在ＵＦＯ雜誌和幾本書中發現了自己的名字。蒂爾頓解釋了為什麼要寫關於她的故事，然後當蒂爾頓告訴邁娜她本身的經歷時，邁娜才明白。原來蒂爾頓在一九八七年也經歷了被外星人綁架的經驗，她倆有同病相憐的經驗，其事情經過如下：

「俄克拉荷馬州的克里斯塔·蒂爾頓 報告說，她在一九八七年七月有過一次時間失憶的經歷，當時她被兩個灰人小外星人綁架並用他們的飛船運送到一個山坡上，在那裡她遇到了一個穿著紅色軍裝連體衣的男人。

她通過一道顯示安全攝像頭的計算機檢查站後被帶入隧道。她報告說，她被交通車帶到另一個地方，在那裡她踩到了一個面向電腦屏幕的鱗片狀設備。電腦給她發了一張身份證後，她的嚮導告訴她，他們剛剛進入了一個地下七層設施的第一級（Level One）。克里斯塔繼續講述她是如何最終被帶到更下方的第五級的。她報告說在她經過的一些地區看到了外星飛船和小灰人外星實體。

克里斯塔報告說，她走進一個大房間，看到一些掛著電腦儀表的大型儲罐，還有從一些管道向下延伸到儲罐的大臂。她注意到了嗡嗡聲，聞到了甲醛的味道，並覺得罐子裡正在攪拌一些液體。克里斯塔繪製了她在綁架期間目睹的大部分內容的圖畫。

克里斯塔談到的這些儲罐被描述在一組有爭議的稱為《道西論文》（Dulce Papers）的文件中。據稱，這些文件連同30張黑白照片和一盤錄像帶是從道西 地下設施中被一名神秘保安人員偷走的，他聲稱自己一直在道西工作到一九七九年，當時他做了決定，該是與他的雇主分道揚鑣的時候了。」[3]

除了有以上被綁架的經歷，據說，克里斯塔．蒂爾頓在一九八七年分發了她的手稿《班尼維茨論文》（The Bennewitz Papers）給一些ＵＦＯ圈內人。她在一九八九年和一九九〇年出現在一個關於道西基地的日本電視節目中。克里斯塔．蒂爾頓於一九八九年和在日本電視台工作的八井純一（Junichi Yaoi）一起飛越了阿丘萊塔台地（Archulets Mesa）和士兵峽谷（Soldier Canyon）。她多次出現在日本電視台上，並聲稱拍攝了士兵峽谷上空的圓形結構物的照片，該峽谷位於道西 的西南部。

話說回頭，邁娜除了不願意自己的名字被曝光外，她也對本尼維茨處理自己綁架案的方式表示失望，她告訴蒂爾頓，原始筆錄（即史普林柯的催眠問答）的內容只是故事的一半。她並且告訴蒂爾頓新發生的其他奇怪事件，後來又浮出水面，並表示有興趣與她見面以討論和讓她聆聽整個故事。

蒂爾頓認為，正是這個特殊案件，此時兩個獨立的政府機構密切參與了保羅．本尼維茨所有活動的監督。邁娜．漢森的故事已經被認為可能對柯特蘭空軍基地的情報活動造成威脅，所以它的重要性如此之高，以至於可以理解為什麼政府暗中安排了一次專門的調查，以試圖確定保羅所知道的一切，以及他是否確實通過他的計算機終端與外星人進行真正的交流。[4]

且說邁娜．漢森失去了生命中的四個小時（即失憶4小時）。即使在銀行工作時，她也會聽到胸口的聲音。催眠回憶和調查始於保羅．本紐維茨在阿爾伯克基的家中（未知史普林柯教授在其車中的催眠是否應算首次？），克里斯塔．蒂爾頓的以下描述就是根據邁娜在保羅．本紐維茨家中的數次催眠回顧。在邁娜的第一次催眠回憶中，她記得看到了明亮的燈光。蒂爾頓寫道：

「一九八〇年五月十二日，邁娜．漢森首次回憶起她走出了車子，然後想起了外星人將她舉起並越過籬笆。他們將她的兒子肖恩（Shawn）帶到附近的另一飛行器內。她很害怕，因為她與年幼的兒子分開了，然後她看到了一頭母牛。她還注意到外星人深橙色西裝的左胸上有一個奇怪的徽章。她注意到上面有三條線，底部還有一條線。邁娜感覺到她比這些外星人要聰明一些，但在身體上，感覺他們還是在控制她的身體。然後，她注意到一個穿白衣服的男子要恢復秩序，她感到他對她的尊重。他似乎是一位很老的人。

當他們把她從飛行器中帶出來時，她說，她覺得自己在車庫裡（實際上是置身在一艘較小的飛行器內）。那人向她保證肖恩沒事。她記得的下一件事是走進電梯之類的東西。對她來說，這是令人恐懼的，因為她討厭封閉的空間。

她再次被放在桌子上，明亮的光線照在她的臉上。他們（外星人）想讓她知道，他們為自己正在發生的事感到遺憾。她問有關那頭牛的事，他們回答：『這是必要的。』然後她聽到他們說，很遺憾她和她的兒子必須對此事件失去記憶。然後，她記得自己俯臥，脖子和肩膀感到劇烈疼痛，頭枕在枕頭上。她認為自己被下藥了，因為她感覺自己的身體很沉重。她想起的下一件事情是降落在一處重要的地方。[5]

接下來，她看到五個外星人進來，其中兩個是不同的。他們的眼睛狹窄，看上去並不綠，或者像第一艘飛船上的外星人一樣，眼睛像狹縫。他們的身材很巨大，她覺得他們是重要的外星人，就像醫生和科學家一樣。她注意到他們很友善，當他們移動時會晃動腳。他們看起來很優雅，身高六英尺或以上，根本沒有頭髮。……她覺得他們很敏感，不會讓她感到自卑。她注意到他們的手臂較長，還有一個外星人是一個女人。他們希望再次檢查她，邁娜合作。他們問邁娜她是否知道對方是誰，她回答說她不知道。……無論她被帶到哪裡，她都注意到燈光是不同的，並非發熒光的。地形多丘陵，崎嶇不平，她看到三或四艘UFO起飛，而周圍則有八到十艘UFO停留在地面。」[6]

邁娜・漢森的第一場催眠到此結束，那時她才28歲，她的兒子肖恩才6歲。他們住在新墨西哥州的鷹巢，她在銀行工作。UFO事件發生在新墨西哥州西馬龍附近。

「在邁娜的第二場催眠中，她再次回憶起駛近汽車的明亮光線。當她發現一頭母牛還活著，而他們正在將小牛從母牛身旁拉開時，她感到非常恐懼。他們將肖恩和她自己以及小牛放在飛行器內。她不知道小牛要被帶去哪裡，但她知道一件事。她確定它還活著。不久，她感覺到他們在她陰道內放置了某種金屬裝置。她抱怨這很不舒服，但並不痛苦。他們對腹部的疤痕感到好奇。她想起的下一件事是看到小牛死亡。她不確定它何時死亡。

邁娜看到更多的穿白衣服的男子。他們似乎比她前些時遇到的其他外星人更高大，及沒有那麼令人反感。她再次回憶起進入電梯。現在，她可以環顧四周了，並且注意到一個房間裡擺滿了「桌子」及從地板到天花板的閃爍的燈板。再次，外星人向邁娜道歉，並向她保證她的的兒子肖恩很好。

外星人似乎被她的頭髮迷住了，因為他們的頭很大，沒有頭髮，沒有眉毛，而且眼睛不會眨眼。

邁娜繼續描述了一把長刀（18英寸長並且很薄），末端似乎是錐形的。外星人將其插入小牛胸部內六英寸，然後在小牛尚僵硬地活著且掙扎的情況下對其生殖器進行一些動作。他們以圓周運動方式切開生殖器。當她描述這種恐怖時，她和兒子肖恩哭了，他們深受目擊所影響。」[7]

最後兩場催眠回歸也在保羅·本紐維茨的家中舉行，邁娜回憶起她在某種斜坡上被抬高或半拖拉。她記得自己被帶到了更深的層級，並再次受到「桌子」的約束。她回想起左側頭的劇烈疼痛，左耳聽到奇怪的聲音。她記得自己對外星人大喊大叫。

為何邁娜·漢森左側頭出現劇烈疼痛，且左耳聽到奇怪的聲音？通過X射線和電腦斷層掃描，證實頭部內已被插入某種類型的植入物（implant）。這引起了關於這些植入物的使用以及真正的植入者是誰的許多猜測。

關於綁架現象的最有趣的證據也許是大腦植入物，據稱被綁架者經常描述對方將針頭插入其大腦的操作。他們還更頻繁地報告通過鼻腔植入異物。許多綁架專家認為，這些顱間侵入一定是來自星空科學家的傑作。不幸的是，這些研究人員未能熟悉某些鮮為人知的地面技術的進步。

被綁架者的植入物強烈暗示了一種技術裝置，它可以追溯到被稱為測靜儀（stimoceiver）的設備，該設備是在50年代末60年代初由神經學家約瑟·羅德里格斯·德爾加多（Jose Rodríguez Delgado）發明的。測靜儀是一個微型深度電極，可以通過FM無線電波接收和發送電子信號，以用於刺激情緒和控制行為。德爾加多在一九六六年發表講話時反映了其多年以前所做的研究。他斷言其實驗「支持運動、情感和行為可以通過電力來控制，而人類可以像機器人一樣通過按鈕來控制等令人反感的結論」。他甚至預言將來有一天，可以通過在大腦的植入物和計算機之間建立雙向無線電通信，而將大腦的控制權交給非人類操作者（如電腦）。

根據維克多．馬爾凱蒂（Victor Marchetti）的說法，德爾加多將測靜儀連接到鼓膜上，從而將耳朵轉變成一種麥克風。然而，後果或這項技術可能會比馬爾凱蒂指出的還要深入。作者蒂爾頓認為可以將適當佈線對象的內耳製成麥克風，也可以將其製成揚聲器，這是對被綁架者聽到自己體內聲音的一種可能解釋。（按：文章至此，有關心理控制及誰才是真正的控制者變得更吊軌？是外星人嗎？或是美國政府？或是兩者都有，但無疑地，外星人的操作則更精緻。）

邁娜形容的外星人其腰部裸露，非常瘦，肋骨和鎖骨伸出。她發現他們的肋骨比人類多。……接下來，她回憶起在電梯上下降得非常快的情況。她注意到匆匆走過的人群各穿著左胸有不同顏色和斑塊的制服。……邁娜聽到水沖的聲音，並聞到刺鼻的氣味。……

邁娜繼續描述自己的恐怖經歷，描述走回棧橋，走到門口，在那裡她能夠觀察到發電機與水池中被淹沒的東西。然後，她發現她所看到的是人類身體部件。她看到了一個光頭的頂端，一隻手的手臂。她還看到類似舌頭的東西，它們看起來比人的舌頭還要大。（請注意，許多被遺棄的牛屍體被發現遺失了舌頭或一部分舌頭。據說牛舌頭內含有某種有用的酵素）看到似乎是金屬製成的容器。氣味令人討厭，像是煤氣味。她感到虛弱和噁心，但再往下看，看到一些身體部位的內部臟器。

總之，沒有人真正知道誰綁架了邁娜？為什麼綁架她？此案可能是促使保羅進入新墨西哥州道西地區的催化劑，並且保羅確信邁娜正在與一個邪惡的外星社會打交道。」[8]

為何邁娜會遭外星人綁架？這問題不易回答，但托馬斯．卡斯特羅（Thomas Castello）在接受布蘭頓訪問時可能給出了一些答案，他提到幾種外星人綁架時最常尋找的人類類型。他說：

「最常見的是二十出頭或三十出頭的嬌小女性，五到九歲的黑髮男孩，二十多歲到四十多歲的小到中等身材的男人。但是在道西基地，有各種各樣的人遭違背自己的意願而被關押。籠子和大桶裡有高大的男人和女人、青少年、老人和非常年輕的女孩。我只提到最常見的年齡大小是年輕的小男人和嬌小的女人。男孩很受青睞，因為在那個年齡他們的身體正在迅速成長，並且他們的原子材料在轉移室中具有適應性。年輕的小女人通常非常有生育能力。男性被用於產製精子。我不知道為什麼他們更喜歡小個子的男人。」[9]

另據秘密太空計劃局內人馬克・理查茲上尉（Captain Mark Richards）在受訪時所言，「他（指馬克）談到人類女性非常受外星種族的歡迎。爬行動物（Reptilian）和猛龍（Raptor）可以與人類女性交配並產生後代。他們在很大程度上看起來像人，但他們必須得到幫助，我（指採訪人卡西迪（Kerry Cassidy））不確定他的意思，但他們必須以某種方式得到幫助。他們認為和一個人類女性在一起很重要，……」[10]

邁娜及其兒子的類型就剛好落實了托馬斯的以上說法，事實上，年輕的白人女性確實是最常見的受害者。

上文提到與邁娜互有聯繫的克里斯塔・蒂爾頓，她本身也是一個綁架的受害者，她的案例不僅發生於一九八七年七月，在此之前她即曾遭多次綁架，時間長達25年，且見下文說明。

6.2 MILAB與克里斯塔・蒂爾頓的外星混種女兒

女作家克里斯塔・蒂爾頓與動物殘割研究員湯姆・亞當斯（Tom Adams）結婚，在他們分手後，她與資深不明飛行物學家溫德爾．史蒂文斯（Wendelle Stevens）喜結連理。她聰明、細心、迷人。男人認為她有磁性的個性。

蒂爾頓是《道西地下外星生物實驗室：本尼維茨不明飛行物論文》的作者之一。作為對本尼維茨證詞的驗證，克里斯塔說她被帶到了地面以下七層的同一個掩體，並被外星人「受精」，這些外星人有多種形式，從非常人類的樣子到可怕的灰人。

克里斯塔過去的一系列遭遇始於一九六二年夏天。根據她的丈夫．湯姆亞當斯在現已不復存在的《時事通訊CRUX》上發表的長篇報導，「黃昏時分，10歲的克里斯塔正在圖森（Tucson）郊區沙漠中尋找岩石。在看到火球降落或墜毀後，一個5英尺高的灰色生物接近了她，與她交易岩石，然後將她帶上一艘船。她接受了身體檢查，為了減輕她的恐懼，她被告知他們正在種植一個花園。在飛船上，她遇到了一個更像人類的生物，她認為他是「醫生」，此後她會在未來的經歷中多次見到他。」這位「醫生」就是通常所說的北歐人（Nordic），據說他們在外觀上非常類似雅利安人。

俄克拉荷馬州塔爾薩（Tulsa）——一九七一年秋季：

灰人外星人把她從公寓帶到他們的飛船上，在那裡她被植入了受精卵。

新奧爾良——一九七一年初冬：

催眠回歸揭示灰人外星人再次帶走了她，這次是過早地取出胎兒；顯然出了點問題。有一個更高的灰人似乎在負責一切；他大約5英尺高，就像一九六二年在圖森的那個一樣。這是克里斯塔經歷中最令人不安、最痛苦的經歷。她被展示成堆的裝有胎兒的孵化器。她看到了一個顯然是人類孩子的全息圖，一個十歲左右的女孩。她被告知，這是她以後要生的女兒。飛船上還有一個類似人類的外星人

「醫生」。

塔爾薩——一九七六年二月：

在長期沒有性活動之後，克里斯塔突然懷孕了。催眠回歸揭示了另一個受精卵的植入。她將會在後來會見孩子的父親。懷孕導致了女兒的出生，在十歲時她看起來與克里斯塔在一九七一年於全息圖中看到的孩子一模一樣。[11]

一九八六年五月，克里斯塔與（10歲的）女兒一起目擊了一次UFO的怪異場景。當時飛船來回搖晃。她確信它會墜毀，就在那時，一架黑色的沒有標記的直升機突然出現並開始在近距離繞著不明飛行物盤旋。克里斯塔告訴女兒留下來看著她跑進屋裡拿起雙筒望遠鏡。她只走了幾秒鐘，當她回來時，女兒告訴她這個物體就消失在稀薄的空氣中，而直升機沖向另一個方向。

當時克里斯塔唯一能動的就是她的頭。她可以左右移動她的頭。就在她這樣做的時候，她看到一個人影站在門口。他的模樣像是一年前她在唱片店裡見到的那個年輕人，這個人影和飛船上的其他人一樣穿著制服，然後克里斯塔看到那個一直與她打交道的「人」。這個站在門口的人不是小灰人之一，他看起來可能是個外星混血兒，雖然他的外表不像唱片店的那個年輕人那樣人性化。而克里斯塔認為那個一直與她打交道的「人」是「醫生」，於是她用心靈感應向「醫生」喊叫。她想知道到底發生了什麼。「醫生」告訴克里斯塔，是的，她的懷疑是正確的，這個名叫亞倫（Aaron）的年輕人確實是她女兒的父親。克里斯塔感到困惑和憤怒。她已經準備好與他們戰鬥了。他們向她發射了某種藍色光束，她倒在了地上，再次癱瘓。就在這之前，「醫生」看了亞倫一眼，並通過心靈感應指示他離開這個房間，如此他和克里斯塔雙方就不會有聯繫。然而，事後有人告訴克里斯塔，她將能夠在未來的某個時間與孩子的父親再見面一次。[12]

一九八七年三月三十／三十一日克里斯塔在俄克拉荷馬州塔爾薩以南又發生了一次奇怪的綁架事件，在那裡她被帶上了一艘不明飛行物並接受了另一次身體檢查。她記得向左看，看到一個年輕的金髮男子正站在那裡，眼裡噙著淚水。她通過心靈感應聽到外星人領導告訴那個人立即離開。克里斯塔不得不懷疑，那個年輕人會不會是多納萬（Donavan）？多納萬給她傳發了他的一些醫療記錄，它們描述在他的皮膚下發現了某種奇怪的物體。直到今天，它仍然困擾著他。[13]

上文稱為多納萬的男子就是多納萬・馬斯特斯（Donavan Masters），他的真名是塞繆爾・保羅・霍爾科姆（Samuel Paul Holcombe）。馬斯特斯承認他對不明飛行物有著長期的興趣，並且曾經目擊過以驗證自己的信念。他的妻子覺得他有點奇怪，但直到有一天她在市場上，有人走近她說他認識她的丈夫，想知道馬斯特斯夫人對她丈夫的不明飛行物迷戀有何看法。女人想知道這個完全陌生的人怎麼會知道她丈夫的愛好。有人告訴她，「我們對他了解很多。他並不瘋狂，即使你認為他瘋了，一切都會在適當的時候向他透露。」

一天，多納萬和他的三個朋友一起被帶到一處他認為是某種地下設施或不明飛行物基地的地方。他記得感覺好像他被下了藥，好像一切都在緩慢進行。他們的手腕和腳踝被放在傳送帶上並綁在傳送帶上。一個外星人對他說：

「你剛剛被植入了你的政府控制分機號碼」……此種「紋身」顯然只有在外星人擁有的某種特殊類型的燈光下才能看到。

多納萬真誠地相信他在同一個設施中看到了克里斯塔・蒂爾頓。……而且，像克里斯塔一樣，他患有失眠症，並且害怕如果他睡著了會發生什麼。……他記得在一個圓形走廊裡走來走去，當他遇到一扇敞開的門時，剛走進門內，多納萬看到她就在那裡，似乎就躺在一張檢查台上。因此，克里斯塔此番的遭綁架有了一個見證人，而多納萬的此次奇怪遭遇帶給他的不僅是驚恐，其婚姻也在事件之後終結。[14]

上文提到一九八七年七月克里斯塔又遭灰人綁架了，這次她被帶到一處地面下第6層的地方。究竟她被綁架到哪裡？柯特蘭空軍基地的一名軍官（估計是AFOSI情報官理查德·多蒂）推測，她和其他一些女性和男性很可能被綁架並帶到柯特蘭空軍基地附近的地下研究設施。它位於科特蘭空軍基地以南的曼薩諾（Manzano）山脈，當時正在進行核試驗。

克里斯塔回憶當她透過壁上有著奇怪符號的升降機進入第一層設施時，發現它大得像一座地下城市。她與嚮導搭著圓筒狀穿梭車到達另一處地方，下車後她被帶到一處較大地方。該處大到足可讓噴射機起降。她被帶著走過一個長長的大廳，然後再次進入升降機。升降機往下行，經過一段相當長時間，當他們走出升降機後，一組似乎不友善的新警衛迅速朝他們走來。

克里斯塔的嚮導迅速帶她走過一條長長的走廊。他們經過一個區域，她看到巨大的桶，上面罩著儀表，一個手臂狀的裝置向下延伸到桶中。它們看起來大約有四到五英尺高，就在她開始去看看桶內有什麼的時候，她的嚮導迅速抓住了其手臂，帶她離開了這個巨大的區域。

有人告訴克里斯塔，如果她知道那些桶內放著什麼，事情只會變得複雜，此時她變得非常害怕。克里斯塔事後回憶，她看到的桶類型是用來繁殖和培養小型外星生物的。她唯一能形容的就是它像一個假子宮，其功能就類似一個女人的子宮，其內可懷著她的孩子。她所說的這些類型的繁殖桶是用來培養他們從被綁架者的個體中提取的胎兒的。他們多次從克里斯塔那裡提取胎兒，後者相信他們把它放在這種類型的罐子裡，一個看起來像玻璃狀的繁殖罐。[15]

這些桶的照片也出現在一組有爭議的論文中，稱為「道西論文」（Dulce Papers）。據稱，這些照片與其他30多張黑白照片和一盤錄像帶一起從道西地下設施中被盜。

克里斯塔被帶進了一個看似實驗室的地方。她看到了一個小外星人的後腦勺，他正在櫃檯前勤奮地工作。一九八七年克里斯塔接受當時其丈夫動物殘割研究員湯姆·亞當斯（Tom Adams）的訪談時說，她在地下設施看到了矮灰人與高灰人，但沒有看到爬蟲類外星人。矮灰人當時正在做一般勞力工作。[16]

話說，這個房間裡很冷，克里斯塔開始發抖。一個醫生叫了一個助手過來幫忙。有人告訴她躺在桌子上，她覺得自己快要死了。她正在接受內部檢查。醫生在她的腹部擦了一些清涼的東西，這似乎能讓她平靜下來，讓疼痛消退。

這個設施中最奇怪的部分是他們走近的一個區域，克里斯塔在其中看到了最奇怪的東西。她看到一些看起來是不同種族的人在一個乾淨的房間內靠牆站著。她走過去摸了摸，感覺冰冷。這些人看起來像蠟像……不是真的。她還在經過一些小籠子時看到動物處於類似的狀態，她只能猜測它們是假死，她認為動物還活著。出於某種原因，看到動物比在房間裡看到人類更讓她不安。每隔一段時間，他們就會經過其他工作中的技術人員。他們從來沒有轉身承認她的存在。他們看起來幾乎就像機器人以一種沒有感情的方式做著他們的瑣碎工作。這一切都讓克里斯塔非常不安。這個設施不僅由外星人經營，也由軍隊經營【所謂 MILAB 運作】[17]，其 安全性非常高，克里斯塔顯然到達了做為低溫儲存的第七層級。她報告說在她經過的一些地區她看到了外星飛船和灰色的小外星實體。[18]

那天晚上克里斯塔被送回到她的車停的地方。她開車回姑姑家。當時她還穿著她離開家時穿的髒睡衣，她在房內立刻睡著了。早上醒來時她的朋友看到她背上有巨大的長長的紅色刮痕，那時她才意識到前一天晚上發生了一些非常奇怪的事情。這太離奇了，難以置信。[19]

克里斯塔的前段綁架故事固然不可思議，但更惱人的事還在後頭。一九八七年八月某日當她留住於溫德爾．史蒂文斯在圖森的住宅時，一位自稱是聯邦特工的來電，他自稱約翰．沃利斯（John Wallis），但這未必是他的真名。

起初，那個男人告訴克里斯塔他知道她的所有經歷，然後他又說，如果她搬回家並忘記她曾經有過的這些經歷，那將是一個好主意。她對這些電話感到震驚。接下來的一周，她在溫德爾家接待了一位訪客，當她打開門時，那個人閃過一張看起來像是官方政府卡的東西，問是否介意他進來問她幾個問題。克里斯塔被他的緊迫感嚇了一跳，說沒關係。

約翰．沃利斯呆了大約一個小時，在那段時間裡，他似乎在向克里斯塔表明他的機構很關心她，他想警告她不要嫁給某個研究人員。克里斯塔對他的堅持感到震驚。她問他為什麼政府會關心她的事情。他說，了解她經歷的每一個細節是他的職責。他告訴克里斯塔，政府有一份被綁架人員的名單。她問他是否可以給她看任何關於她被綁架的文件，他說這些文件都在一個檔案裡，而且都是保密的。

幾個月後，約翰又出現在克里斯塔於俄克拉荷馬州塔爾薩的家門口，這真的把她嚇壞了。關於她去新墨西哥州的旅行之事，他們進行了相當激烈的交談。他想知道她所看到的每一個細節。塔爾薩之行真正令人震憾的是約翰．沃利斯居然了解克里斯塔於一九八七年七月在圖森發生的綁架事件。他聲稱有一段錄像帶和照片，她嚇壞了。

克里斯塔要求知道他為什麼不試圖幫助她，他說他們知道她會被帶到哪裡，並且知道她會很安全，她簡直不敢相信自己的耳朵。她記下了日期，後來一名在警長辦公室工作的人告訴她，當晚在那個地區發現了不明飛行物。克里斯塔還通過催眠發現，在設施中，他們從她身上取出了另一個胎兒。另一件奇怪的事是約翰．沃利斯甚至向她承認她被綁架到地下實驗室時他在現場。然後克里斯塔開始回憶起前情。

不管是什麼原因，約翰從一九八七年起就一直與克里斯塔保持聯繫，他不僅向她詢問信息，還主動向她提供了謹慎的信息。似乎有某種交流計劃，但它是相互的。克里斯塔不相信約翰．沃利斯是被派來傷害她的人物。在外星人和我們玩的這個遊戲中，他也可能只是顆棋子。[20]

克里斯塔曾問約翰駐紮在哪裡？後者回答他駐紮在一個主要的軍事設施——該國最敏感的軍事設施之一，他已經在那里呆了很長時間。想當然，保守這些關於 MILAB 的秘密是他的職責。他告訴編者（按：指蒂莫西．貝克利等人），地球上有幾個外星派系，其中一些可以冒充人類。編者在達拉斯的一個不明飛行物小組會議發言時，約翰在聽眾中。他只是在監視編者向公眾提供的信息。[21]

本節的最後提出兩個有趣問題，首先是大多數外星混血兒對他們的處境有什麼看法？

克里斯塔認為灰人只有一個空外殼，並沒有靈魂，因此其後代的混種就未必具有靈魂。她與之交談過的每一個混血兒都告訴她，他們都試圖向她解釋他們所感受到的空虛和感受。他們覺得他們幾乎不屬於地球上的這裡，作為德國混血兒的克里斯塔當然也覺得她不屬於這裡（指美國）。[22]

其次，克里斯塔對在地下設施走動的灰人有什麼認識？

克里斯塔認為，灰人似乎在做類似大規模集體意識的事情。她注意到他們一起做事，他們之間幾乎沒有討論。他們似乎正在從事項目或某些由上級或更高級的外星人和／或人類給予他們的任務。[23]

克里斯塔遭綁架的事情至此告一段落，90年代中旬之後她似乎淡出ＵＦＯ圈，自此鮮少聽到她的消息。此外上文提到克里斯塔遭綁架時屢次遇到一位外觀上非常類似雅利安人的人，這位她口中的「醫生」就是通常所說的北歐人（Nordic）。

註解

1. Exclusive Interview With Michael Wolf, by Paola Harris, March 8, 2000 from UFO Disclosure Website.
https://www.bibliotecapleyades.net/sociopolitica/sociopol_wolf02.htm
2. 新墨西哥州鷹巢位在道西的東南方150哩處（via US-64W）。
3. Bill Hamilton and TAL LeVesque, The Deep Dark Secret at Dulce. UFO UNIVERSE, Feb.-Mar. 1991 Issue. In Branton (aka Bruce Alan Walton). The Dulce Wars: Underground Alien Bases & the Battle for Planet Earth. Inner Light / Global Communications, 1999, p.90
4. Christa Tilton, Confidential Report For Your Eyes Only, In Beekley, Timothy Green, Christa Tilton, Sean Casteel, Jim McCampbell, Dr. Michael E. Salla, Leslie Gunter, Bruce Walton. Underground Alien Bio Lab At Dulce: The Bennewitz UFO Papers. Global Communications (New Brunswick, NJ). 2009, p.6 and p.14

5. 克里斯塔・蒂爾頓說，她曾收到理查德・多蒂談及保羅・本尼維茨的信，信中談及邁娜・漢森的綁架案，多蒂認為邁娜母子是被帶到「地下武器存放區」。Christa Tilton, op. cit., p.16
6. Christa Tilton, op. cit., p.16–17
7. Christa Tilton, op. cit., p.18
8. Christa Tilton, op. cit., pp.18-22
9. Bruce Walton (aka Branton), Interview With Thomas Castello– Dulce Security Guard. In Beekley, Timothy Green, Christa Tilton, Sean Casteel, Jim McCampbell, Dr. Michael E. Salla, Leslie Gunter, Bruce Walton. Underground Alien Bio Lab At Dulce: The Bennewitz UFO Papers. Global Communications (New Brunswick, NJ). 2009, p.133
10. Space Command – Project Camelot Interviews with Captain Mark Richards by Kerry Cassidy, 2013-2014. Interview 1: Total Recall – My interview with mark Richards, November 8, 2013 https://www.bibliotecapleyades.net/sociopolitica/sociopol_globalmilitarism180.htm Accessed 6/26/19
11. Birth of an Alien Hybrid – The Christa Tilton Story. Publisher's Note. In Timothy Green Beckley, Sean Casteel, Tim R. Swartz, Dulce Warriors: Aliens Battle for Earth's Domination. Inner Light/Global Communications (New Brunswick, NJ), 2021, pp.186-187.
12. Birth of an Alien Hybrid – The Christa Tilton Story. By Christa Tilton. Ibid., pp.194-195.
13. Ibid., p.199

14. Ibid., , pp.195 - 199
15. Led by the Hand Through a Deep and Dark Land – A Q and A with Christa Tilton. By Tom Adams. Ibid., p.210.
16. Ibid., p.204.
17. MILAB 運作本是指一場欺騙性的軍事行動，其目的是讓行動的目標相信他們遇到了外星生物，儘管這實際上是一種上演的策略。但從克里斯塔的親身經歷看，MILAB 運作不只是一場欺騙性行動，許多被帶到其房間的被綁架者說，他們受到了似乎是政府的一個不知名特工的羞辱和騷擾。很多時候，這些特工後來出現並繼續用他們的負面情緒轟炸受害者。
18. 克里斯塔在其自述中並未提到克里斯塔被帶到第幾層級，但推測她可能被帶到第7層，該處是人類兒童和成人作為生物材料儲存來源的地方。有人看到人類被存放在6英尺高的透明圓柱形容器中，懸浮在黃色或琥珀色的液體中，他們活著且有意識，但無法尖叫或說話。威廉漢密爾頓三世提到克里斯塔被帶到第5層，但這是不正確的，因為第5層是做為外星人住宅。【Dulce and Other Underground Bases and Tunnels. By William Hamilton III. In Timothy Green Beckley, Sean Casteel, Tim R. Swartz, Dulce Warriors: Aliens Battle for Earth's Domination. Inner Light/Global Communications (New Brunswick, NJ), 2021, p.242】
19. Birth of an Alien Hybrid – The Christa Tilton Story. By Christa Tilton. Op. Cit., pp.188-192.
20. Ibid., pp.192-194.
21. Ibid., p.194.

22. Led by the Hand Through a Deep and Dark Land – A Q and A with Christa Tilton. Op. Cit., pp.210-212
23. Ibid., p.206 and p.210

第⑦章

外星種族北歐人——協助人類抵禦邪惡外星人的人形外星人

北歐人（Nordics）也被稱為昴宿星人（Pleiadeans）、金星人（Venusians）、高大白（Tall Whites）或阿加森人（Agarthans），其實北歐人只是一個通稱，至於昴宿星人或高大白卻擁有各自的特徵。北歐人是具有刻板「北歐特徵」（高大、金髮、藍眼睛）的類人生物，並在數起接觸案例中出現。據說他們來自古代地球，但在過去以外星人的身份出現，他們在自然事件後從地表生活轉移到喜馬拉雅山地區周圍的地下生活。北歐人也是另一個被認為與美國政府合作的外星種族，他們在內華達沙漠的基地外活動。但美國政府無論如何都感覺不到它與外星文明的關係遙不可及。外星人能夠操縱他們的飛船進出那些只能生活在第三密度意識中的人類無法進入的維度。

神話、民間傳說、歷史、宗教、神秘主義和外星學都包含一些線索，表明存在著超人，他們似乎深深地投入了我們的事務，但更願意保持隱藏。其中歷史存在最為一致的人，雖然外表是人，但在知識和能力上卻遠超人。

無論在以色列人之前和之後，不管有哪些人類群體擁有了造物技術，但其中沒有一個人真正擁有它。相反，這些超自然神器最終是從最初製造它們的所謂「神」那裡借來、許可使用或偷來的。似乎這些「神靈」發現有必要在某些時候將這些神器委託給選定的人類代理人，後來再根據情況給予和取回它們。

在這樣做的過程中，他們偶爾會冒這樣的權力落入壞人之手的風險。帶著方舟石逃離埃及的叛逆神職人員就是一個例子。人類不知不覺地捲入了隱藏的超人派系之間的戰爭，這些派系選擇、訓練、裝備他們的人類代理人參與這場戰爭。造物技術使他們相互競爭的議程之間的平衡發生了重大轉變。當我們深入了解這些超人及其人類代理人的本質、起源和動機時，這些超人及其人類代理人在現代與人類秘密共存，作為一個隱藏的平行文明，它將拓寬我們理解當前和未來世界事件的視角。

7.1 暫定性結論

我們對北歐外星人了解多少？根據研究，可以得出關於北歐外星人的幾個一般性結論：[1]

1. 這些生命之間存在交戰，表明它們並不統一。如果不分裂成眾多獨立派系，他們至少會分化為對立的雙方。一些派別有很強的法西斯傾向。

2. 他們假裝是人，走在我們中間。有些人融入社會並擔任戰略職位，他們的目的或是企圖影響，或是只是觀察社會。

3. 他們在基因上與我們相容，並且他們的一些雌性與人類男性進行性接觸甚至長期關係。通過雜交他們的基因可以進入我們的基因庫，反之亦然。因此，一些人類個體和血統會比其他人擁有更多的

DNA，並且在分析中他們的外星人DNA很可能基本上是人類的，儘管它很少見且不尋常。

4. 通過基因操作，他們可以將外星人的DNA作為第三方貢獻者插入到發育中的人類胎兒中，使孩子既像人類父母，又有點雜交。無論是人工雜交，人與外星人自然孕育，還是完全外星人，這樣一個在人類家庭中出生和長大的孩子，大多會被誤認為是人類，只是他們的素質超過了同齡人。神話和古代歷史中最偉大的英雄被普遍視為神與人的雜交品種。

5. 縱觀歷史，他們選擇了某些人類，或者他們自己在人類社會中長大的後代或混血兒，進行特權教育、培訓和指導，以便這些人類代理人可以作為他們議程的載體，就這樣大體上他們對整個人類是仁慈的，也可能部份是敵對的。這些人類代理人可能包括現代接觸者和被綁架者、古代先知和魔術師，以及神秘學校和秘密社團（如玫瑰十字會）的創始人。這樣的秘密社團現在只是更大型、更強大以及個人接觸者的制度化版本，也就是說，他們都在外星人的指導下，被賦予特權知識，並肩負著適合他們外星恩人議程的使命。

6. 考慮到與人類交流的一些深奧知識是積極的，並非所有外星人的影響都是自私的。似乎有些外星人真的對提高人類在洞察力、騎士精神、道德和精神完整性方面的潛力感興趣。

7. 他們都是隱秘的，並且知道撒謊，即使只是疏忽，不管他們的精神取向如何。善意的原因可能涉及自我保護、遵守不干涉法則、時間線動態的複雜性或需要確保強大的知識被賦予值得信賴的人。惡意的原因可能包括隱藏敵對議程和為了利用目的而囤積知識。

8. 他們非常有心靈感應。他們可以精確地閱讀思想，植入思想，掃描靈魂的完整性或弱點，誘發幻覺，操縱情緒並引導一個人的夢想。他們訓練的人類代理可以以較低的功率水平獲得這些技能。

9. 他們使用技術來增強他們與生俱來的超人能力。這種技術具有造物性，可以控制時間和重力，賦予他們隱形和反重力，並允許他們穿過固體物質，例如，這意味著他們可以在維度偏移（dimensionally shifted）的條件下居住在固體山脈中。

10. 他們的原生環境在維度上轉移到了我們的空間之外，也就是說，我們無法僅僅通過物理搜索找到他們的基地。就像聖杯城堡只出現在被選中的人面前，他們的住所只有在他們選擇要這樣做時才對我們可見和可用。例如，被接觸者可能在心理上被修改以感知它，或者轉移維度以進入它。

11. 就像失去翅膀的天使一樣，在某些情況下，他們可能會失去能力並成為「凡人」，且無法恢復到超人狀態，至少今生不會。

12. 他們被困在這裡。如果他們的整個群體經歷了這樣的墮落，他們將作為一種已經發展的高度先進的文化進入人類歷史，並在成為原始星球的歸化成員後逐漸經歷衰退。

13. 北歐文明的成員在地位或智力上並非都是同質的。北歐文明的組成範圍從「低功能」和「較高級功能」的兩層系統到類似於印度種姓制度的許多層級的種姓制度。

14. 同類中功能較低的成員是與最先進的人類互動的人。為什麼？也許是因為他們在進化上的緊密聯繫，也因為這種互動可能是互惠互利的。儘管他們看似超人的品質，但那些與特定人類互動最多的外星人實際上可能是他們種族中最有缺陷的。

15. 他們的領導層超越了物質和半物質，進入了神聖和惡魔力量的領域。對於積極的外星群體和他們的天使或精神上司來說，這種關係可能不是命令和服從，而是神諭的指導和尊重。古代人類諮詢神諭、諮詢神明等的做法，可能是這種關係的下層呼應。

16. 他們的下層似乎更注重身體、技術和戰術，而高層似乎更深奧、星體（astral）[2]和司法。然而，問題在於，他們最有缺陷的不僅是造物技術的創造者和使用者，而且他們也最參與人類事務。這意味著我們遭受他們的錯誤，其後果比我們可能犯的任何錯誤都要嚴重。

17. 這些錯誤和嚴重違規的後果在整個時間線上來回層疊。他們現在正在向一個代表著災難性轉變潛力的連接點匯聚。負責引發這些後果的外星派系很可能與現在參與最終結果的派系相同。

18. 在最古老和最現代的人類與外星人相遇之間存在著一條連續性的線索。外星人的虛假信息宣傳活動是其中一組派係為讓人類準備好接受他們的公開控制所做的努力。

7.2 北歐人生理學

北歐物種對於這個以人為本的參考工作特別重要，不僅因為它與人族規範有明顯的相似之處，還因為它有許多不同之處。儘管北歐人在外表上是類人動物，並且幾乎與人類相同，（其本身就是霍奇金（Hodgkin）平行進化發展定律的一個顯著例子），我們可以通過檢查細微不同且通常高度專業化的北歐類比以便在適當的背景下看待人類生理學。就像大多數人形兩足動物一樣，北歐人經歷了很長一段時間，他們的前身不是他們星球上的主要物種。然而，對於這些前人類的北歐人來說，最緊迫的問題不是他們星球上的植物群或動物群，而是那個星球的生活條件。

北歐行星非常炎熱和乾燥，氧氣含量較低，重力比地球略高。因此，北歐人必須適應這些生活條件，不僅是為了成為優勢物種，而且是為了簡單的生存。這並不是暗示形式適應功能的拉馬克（Lamarckian）解釋，不是北歐行星的演化遵循地球的標準達爾文理論。很簡單，北歐行星上的地域條件比地球上的更統一、更嚴酷，所以北歐人比人族更專業、更同質。地球上的物理類型是多種多樣的，比如愛斯基摩人和尼羅河人更適合地球的多樣化氣候條件。愛斯基摩人適應天氣寒冷，例如長有小鼻子和小耳朵，以及皮下脂肪沉積。相比之下，尼羅河人具有對炎熱天氣的身體適應能力。北歐人從未發展出單獨的物理或種族類型，因為北歐星球的氣候和生活條件比地球更加同質（homogenous）。「北歐人在我看來都一樣」的說法其實是有根據的。正如所有愛斯基摩人在身體上有很多相似之處一樣，所有北歐人也有很多身體特徵，例如北歐人的身體：[3]

- 眼睛（視覺）——北歐人的眼睛受到透明內眼瞼的保護，可以過濾掉有害輻射、熱量和灰塵，以及行星上存在的所有元素。眼睛本身與人眼非常相似，只是它對涉及紫外線範圍的高頻波的顏色區分範圍不太敏銳，而涉及紅外線範圍內的低頻波的夜視能力更敏銳。
- 耳朵（聽覺）——與人類相似，但對超聲波和亞聲波有感知。
- 鼻子——北歐人的鼻子與人類的鼻子非常相似，但不如嗅覺工具那麼有效。然而，它非常適合過濾空氣並將其傳遞到肺部。由於60% 的味覺來自嗅覺，北歐人以缺乏味覺而聞名。然而，這並不妨礙北歐人享受食物或缺乏享受，因為北歐人通常是素食主義者。
- 口腔——北歐人的口腔幾乎與人類相同。一個本質的區別是北歐人只有（28）顆牙齒，因為他們沒有一對後臼齒。
- 頭和頭骨——北歐人是一個極端長頭的人，不像大頭灰人。他們的腦殼比人族厚約0.2厘米，骨頭本身也比人族頭骨硬。然而，男性北歐人並不像人類男性那樣在眼眶上方擁有保護性的骨脊。

・大腦——北歐人的大腦與人類的大腦具有相同的整體結構和大小，均為一千六百cc。只有在產生心靈感應和心靈感應能力的中腦區域，北歐人的大腦才顯著不同。北歐人的中腦比人族的中腦更大，更複雜，這在一定程度上是解釋了北歐人的靈能。

・整體體型和形狀——北歐人，如尼羅河人（Nilotics）和澳大利亞原住民，身材高大苗條。男性：身高2米體重90公斤，女性：身高1.7米體重70公斤。手臂和腿長而纖細，肌肉非常長而有力，與中等身材框架相連。北歐人通常是高腰和身材矮小的人，他們是優秀的長跑運動員。北歐人的身體結構有助於通過輻射分散熱量。與此同時發生的是北歐人缺乏汗腺，因為他或她使用血液、皮膚和身體結構來保持涼爽，而不是人類通過汗水蒸發來散熱的方式。

・皮膚——北歐人的表皮與人類外層皮膚不同，是一種雙向防潮保護層。它不僅可以作為防水屏障，使細胞即使在相對乾燥的空氣中也能生活在流體環境中，就像人體皮膚一樣，它還可以提取可用的環境水分供身體使用。此外，真皮中高度特殊化的細胞，被稱為 hyalothermic 細胞。與人體皮膚相比，因為沒有汗腺這些特殊化細胞可以更有效地散熱並保留水分，這是北歐人生活所必需的，並根據北歐行星上日常生活的環境條件解釋了該物種的生存。

又如北歐人的內臟器官：[4]

・心臟和肺——北歐人的心臟以每分鐘242次的驚人速度跳動。平均血壓為收縮壓80和舒張壓40。這種現象的部分原因是北歐人的血管極度擴張。這有助於冷卻身體。

北歐人心臟位於人們期望找到人族肝臟的地方，為更大的北歐肺組件留出了空間。因此，通常保護人類心臟的軟骨在北歐人中向下延伸了額外的3.5厘米，以保護這個重要器官。北歐人的血液是一種銅基化合物，呈紅綠色。以銅為基礎的生命有利於在北歐行星的低氣壓、低氧條件下利用氧氣。與人族的凹細胞相比，血細胞是雙凸的。這種凸形還有助於冷卻單個血細胞、整個血流，最後是整個北歐人體。

北歐人血細胞的另一個特點是它能夠在稀薄的貧氧環境中吸收和儲存大量氧氣。由於他或她獨特的血細胞，北歐人可以在水下或不透氣的環境中存活數小時。北歐人肺的大小比人類肺稍大，北歐人肺中的肺泡比人類肺中的肺泡彈性和效率高75%。

以人族的標準來看，北歐人的心臟也有點大，但在人類的正常範圍內。其增大的尺寸與心臟工作負荷的增加有關。北歐人心臟唯一不尋常或異常的方面是其極端的肌肉發達。與人類心臟相比，北歐人心臟壁更薄，但更堅固、更靈活，允許更大的脈搏範圍和更多的血液在身體周圍流動。

· 腎臟和排泄功能——腎臟是北歐人優越的保水系統的主要部分，也是在炎熱乾燥的星球上生活的必要組成部分。而在人類中，攝入等於輸出，北歐人僅排出腎臟處理的50%的液體物質，另外50%由腎臟淨化並在全身循環。因此，北歐人尿液中含有極其豐富的高比重排泄礦物質，會殺死植物的生命。它也非常粘稠，顏色和質地類似於新鮮抽出的原油。

北歐人糞便是乾燥的顆粒，去除了所有水分。熟悉貓頭鷹糞便的人會很快理解這個概念，北歐人的消化系統會徹底清除食物中的所有水分和營養物質，使糞便變成乾燥、極其緻密、袖珍的團塊。

· 荷爾蒙系統——北歐人的無管腺體與人族不同，處於自我控制而非自主系統之下。個別成年北歐人可以調節腎上腺素的量，（是的，北歐人也有腎上腺素，不像人類，但它確是腎上腺素，它是在沒有鬆果體的情況下產生的），因此它會通過他們的內部系統加速或減速響應環境條件。

甲狀腺，（就像人類一樣）也可以通過阻止甲狀腺素和腎上腺素的流動來控制新陳代謝，北歐人可以進入假死狀態，很像我們星球的印度法基爾（Fakir）的恍惚狀態。在這種假死狀態下，北歐人可以指揮身體資源，即血液、淋巴等，來修復損傷。因此，北歐人可以控制人類認為自主的身體功能。

· 生殖——北歐人無法完全控制的唯一腺體系統是生殖系統。北歐人女性與其他人類和類人女性一樣，總是能夠被男性懷孕。然而，雄性每年大約只能發生一次性行為。這是一種生理狀況。北歐雌性的懷孕期為3至5個月的潛伏期。

· 北歐人細胞結構——它包含一個集中的細胞核和核仁、內質網（通道）、線粒體和核醣體，「與人類非常相似」。

7.3 昴宿星人與高大白

昴宿星人與高大白人（簡稱高大白）也是北歐人種之一。昴宿星人（Pleiadeans）與精神成長有關。他們通常身材高大，長像似人。昴宿星人被描述為宇宙中的另一個類人種族，有著不同的頭髮、眼睛和皮膚顏色。一個物種據說看起來像人類，但有著明亮的藍色皮膚和濃密的紅色毛茸茸的頭髮。

他們來自昴宿星周圍的太陽系，更準確地說來自泰格塔（Taygeta）星附近的埃拉（Erra）行星。他們可以長到2.5米（8’）。他們的飛船被稱為「光束船」。儘管他們經常訪問地球，但自公元前一萬年以來，他們大多保持「沉默」。他們是已知最古老的種族之一。他們繼續發展必要的心理技能以最終達到他們的目標：更高的「精神狀態」。[5]

至於高大白，他們的書寫類似於埃及象形文字。這類似於在羅斯威爾墜毀的外星飛船內部發現的寫作風格，也許還有其他外星種族也有這種寫作風格？

高大白的有些人站立起來超過8英尺高並且據說活了800年。他們說話像狗吠或鳥鳴，並且很容易學會英語。他們有藍色的大眼睛，部分環繞在他們的頭上、小鼻子和緊貼頭皮的小耳朵。他們的拇指很小，有四個細長的手指和每根手指各有兩吋的爪狀附屬物而非指甲。

他們都有細而直的金色頭髮，通常留得很短，女性可以通過女性化的短髮來區分。他們的臀部形狀像我們的一樣，但他們走路的方式完全不同，因為他們習慣了更強的重力拉力。通常可以看到他們穿著鍍鋁的粉筆白連身衣，類似於帆布狀織物，戴著相同材料的手套。

他們非常聰明，處理信息的速度比人類快幾倍。然而，他們暗地裡害怕我們的直覺能力和額外的感官知覺。他們具有個人才能、不同的智力能力和身體特徵。一個相似的特點是他們都有白堊的膚色。因此，他們被稱為高大白人。出於這個原因，大多數人認為他們只不過是從過去的星際迷航情節中虛構出來的虛構人物。

查爾斯．霍爾（Charles Hall）是一位受過良好教育的人，擁有一個核物理學碩士，曾任美國空軍氣象觀察員。他說，高大白不僅僅是小說人物。據聲稱與高大白交流過的霍爾說，他們非常真實、非常複雜，並且居住在內利斯空軍基地（Nellis AFB）的社區的一部分，這是一個高度保密的五千平方英里的「禁飛區」軍事基地，位在內華達州南部和中部沙漠。

根據霍爾的說法，內利斯是如此秘密，如此隱蔽，被憲兵守衛著，任何試圖進入，並試圖找到住在沙丘下混凝土和鋼製掩體中的高大白的人，就等同自殺一樣。

「在沙漠中被孤立且與一個如此不同且顯然比我們更先進的人單獨相處是一種痛苦的經歷。隨著時間的推移，我學會如何溝通，如何接近他們，從不試圖強迫他們做任何事情。他們的神經系統運轉得非常快，他們非常保護自己，非常懷疑我們的意圖。」

據威廉·小阿什沃思 的著作《脫離這個世界》（Out of This World）所載，霍爾的的以上回顧不是過度活躍的想像或藥物引起的幻覺的產物，而是來自一九六五年至一九六七年駐紮在內利斯基地期間的個人經歷和與高大白的實際面對面接觸的經歷。

霍爾聲稱他已經花了兩年時間與這個外星種族進行了無數次互動。然而，霍爾解釋說，高大白與我們政府之間的關係令人難以置信，但霍爾堅持認為他們間的協議是存在的，堅稱自一九五〇年代初甚至更早的時候，高大白就一直在用技術換取地球資源。霍爾還強調，高大白在殖民地球或利用其明顯的先進技術接管政府方面對地球沒有任何不可告人的意圖。

他們從哪裡來？霍爾說，在兩年的相遇中，他對高大白的起源了解甚少。

「他們很少與我們分享他們的歷史和起源，」霍爾回憶道。然而，他稱之為「老師」的高大白發生了一起事件，這表明他們可能來自大約36光年外的大角星（Arcturus）附近。

霍爾認為，他們來到這裡的原因是地球為高大白的星際旅行路線提供了一個完美的中轉站。內利斯空軍基地提供了一個完美的位置，因為沙漠的偏遠為起飛和降落提供了絕佳的掩護。

「每個月滿月時，他們都會乘坐一艘較大的宇宙飛船，帶著新的替代品到達，」霍爾說。「我看到這艘船到了，離機庫外面的入口很近，但從來沒有進去過。」

他們如何進行星際旅行？霍爾目睹了三種不同類型的航天器，大小不等，從小型核動力偵察艇到能夠以超過光速的速度行進的大型星際飛船。這艘大型黑色飛船高約70英尺，長約360英尺。霍爾說，小型飛行器的技術已與軍方共享，但大型飛行器仍然是個謎。

現在，關於高大白的北歐人外觀，這很可能是由於從北歐（外星）種族中提取的一些基因所致。根據霍爾的說法，高大白於一九五四年開始出現在內華達地區。同年，艾森豪威爾與獵戶座的高灰人會面並達成協議。結論是，高大白與獵戶座的高大灰人密切相關。此外，這些高大白很可能來自獵戶座參宿七（Rigel），這是一個被小灰人佔領的前北歐人世界。這說明了高大白的北歐人特徵，以及他們的灰人／爬蟲類特徵，例如4位數的手指各帶有兩英寸的爪子而不是指甲。

還有許多其他更光榮及表現出更高品質的外星種族，例如昴宿星人、仙女座人（Andromedans）、天琴座人（Lyrans）等。比利・邁爾（Billy Meier）、亞歷克斯・科利爾（Alex Collier）、恩里克・卡斯蒂略（Enrique Castillo）等接觸者說，與他們互動的昴宿星和仙女座外星人對人類與灰人合作之事提出警告，後者企圖滲透世界並接管他們及企圖利用俘虜人口的遺傳物質。

因此，高大白很可能是高大灰人（Tall Greys）的遺傳變異，並且很可能起源於獵戶座的參宿七星系統，據一些接觸者的證詞，據稱那裡有一個被滲透和接管的北歐人世界。這個北歐人世界的遺傳物質與大角星人等其他種族一起使用，它被用來構建最終看起來像北歐外星人但更接近「高灰人」及其可疑議程的混種人。[6]

這種混種人的建構正是美國多處地下基地生化實驗室運作的主要目的之一，而這些地下基地的存在位置、任務與運作成果對大多數人都是不解之謎，幸好少數遭綁架者透過催眠回歸或僅憑片斷回憶提供了其第一手見聞，讓我們對傳聞的地下基地有些許認識。

註解

1. Carlson, Gil. Aliens on Earth: The Alien Agenda! Wicked Wolf Press, 2021, pp.83-85
2. 星體投射，是神秘主義中使用的一個術語，用於描述一種有意的離體體驗，假設存在一種稱為「星體」的微妙體，意識可以通過它與肉體分開運作，並在整個星體層中傳播。因此星體與假定的非物質存在領域有關，各種精神和超自然現像被歸於其中。
https://en.wikipedia.org/wiki/Astral_projection
3. Carlson, Gil. The Lost Chapters, 2014, Wicked Wolf Press, pp.41-43
據編撰者吉爾・卡爾森（Gil Carlson）說明，《Blue Planet Project》資訊被認為是一位科學家的個人筆記和科學日記（它顯然是一個秘密的、未經授權的筆記本，它記錄了他參與了一項高於最高機密的政府計劃的行為），他與政府簽訂了數年合同，他得以訪問所有墜機地點，審問捕獲的外星生命形式並分析從該努力中收集的所有數據。他還在接觸到的任何文件上寫了註釋，這些文件以任何方式直接或間接地與收集此類數據的組織、結構或操作有關。我們相信他參與這些調查跨越了33年時間。政府發現此人保留並維護了此類個人筆記，因此計劃終止。他險些被政府終結生命，他於一九九〇年立即躲藏起來（目前正躲在這個國家之外）。據稱杰斐遜・索薩（Jefferson Souza）被認為是疑似藍色星球計劃作者，但無法證實。
最初的藍色星球計劃筆記本是一九九一年五月三日至七日在亞利桑那州圖森（Tucson）舉行的第一屆國際不明飛行物大會上由其所有者手寫的。這些筆記本是灰色的組合圖筆記本，上面有關於外星人的草圖、示意圖、公式、圖表和信息及從世界各地的各個站點收集的數據。邁克爾・雷爾夫（Michael Relfe）在一九九一年左右的ＵＦＯ會議上親自看到了原始裝訂筆記的複印件。(see Gil Carlson, The Lost Chapters, 2014, Wicked Wolf Press, pp.4-6)

4. Ibid., pp.44-45

5. Carlson, Gil. 2021, Op. cit., p.86

6. Ibid., pp.87-89

第⑧章

一覽道西基地內部設施——克里斯塔的奇聞異錄

8.1 克里斯塔・蒂爾頓的見證

一九八七年七月俄克拉荷馬州塔爾薩（Tulsa）的克里斯塔・蒂爾頓（Christa Tilton）綁架案[1]

「我的經歷發生在一九八七年七月。我經歷了大約三個『失憶時間』，後來，在催眠下，我重溫了我生命中最不尋常的夜晚……我並沒有心甘情願地乘坐飛船。兩個小外星人在他們讓我失去知覺後，拉著我的兩條胳膊把我拖到了飛船上。

我記得的下一件事是在某種小型飛船內的桌子上醒來。一位『嚮導』向我打招呼，並給了我一些飲料。我現在相信它是某種興奮劑，因為我喝了這種物質後並不睏。我被帶出了飛船，當我環顧四周時，我注意到我站在山頂上。天很黑，但我看到一個洞穴附近有微弱的光。

我們走到這個區域，就在那時我看到了一個男人，穿著紅色軍裝連身衣（就像飛行員穿的那樣）。當我們走近時，我的嚮導似乎認識這個人，因為他向嚮導打招呼。我還注意到他戴著某種類型的裝置並攜帶著自動武器。當我們走進隧道時，我意識到我們正進入一座大山或大山的一側。

在那裡，我們遇到了另一名穿紅衣服的警衛，然後我看到了一個電腦檢查站，兩邊各有兩個監視器。在我的左邊是一個大凹槽，該處有一輛小型運輸車可將你帶到了更遠的地方。在我的右邊，它看起來像一條長長的走廊，裡面有很多辦公室。我們乘坐中轉車前往另一個安全區域，行程似乎花了很長時間。就在那時，我被告知要踏上某種面向電腦螢幕的類似磅秤的設備。我看到燈光閃爍與數字計算。然後一張上面打了孔的卡片被發給我。後來我意識到它被用作電腦內部的標識。

我問我的嚮導我們要去哪裡以及為什麼要去那裡。他一直沒有說太多，只是給我看一些我需要知道的東西，以備將來參考。他告訴我，我們剛剛進入第一層『設施』。我問這是什麼設施，他沒有回答。

這個故事又長又詳細，我希望能寫更多關於它的內容，所以我會只強調我看到的一些東西……我被帶到了一個巨大的沒有門的電梯，它就像一個非常龐大的巨獸。它把我們帶到了二樓，那裡有兩個穿著不同顏色連身衣的警衛，我不得不走下一個大廳，看到許多辦公室的牆上掛著電腦。

當我們經過時，我注意到燈光很奇怪，因為我看不到它的來源。其他人走過時，都表現得像我一樣（即像是一個陌生人）。我覺得我在一座巨大的辦公樓裡，那裡有很多員工，有很多辦公室和隔間。然後我看到了一個非常大的區域，看起來像一個巨大的工廠。

旁邊停著小型的外星飛船。有些人正在下面工作，就在那時我看到了我的第一個灰人外星人。他們似乎在做些瑣碎的工作，當我們經過時，他們從未抬頭。到處都有監視器。

然後我們到達另一部電梯，下到五樓。就在那時，我感到一種極度的恐懼並猶豫不決。我的嚮導解釋說，只要我和他在一起，我就不會受到傷害。

所以我們離開了電梯，我看到檢查站有警衛。這次他們不太友好，左右發號施令。我注意到兩個守衛似乎在爭論什麼，他們一直看著我。我想找到離這個地方最近的出口，但我知道我已經離出口太遠了。這次我被要求換衣服。有人告訴我穿上一件看起來像醫院長袍的東西，感謝上帝，至少它不是露背裝！

我照做了，因為我不想造成任何麻煩。我踏上這個磅秤般的裝置，突然螢幕亮了起來，我聽到奇怪的音調和頻率，讓我的耳朵很疼。

我真正覺得奇怪的是這些守衛向我的嚮導致敬，儘管他沒有穿任何軍裝。他穿著一件深綠色的連身衣，但據我所知沒有任何徽章，他讓我跟著他走下這條走廊。

當我經過警衛站時，我注意到那些監視器在觀察我的一舉一動時嗡嗡作響。我被帶到另一個大廳，然後我聞到了這種可怕的氣味。我知道我聞到了什麼，或者至少我以為我知道。它聞起來像甲醛。由於我的醫學背景，我可能對這種情況感到更自在，因為我以前經歷過很多次。

我們來到一個大房間，我停下來看看裡面。我看到了這些巨大的大水箱，上面掛著電腦儀表，還有一個巨大的臂狀裝置，從一些管道的頂部向下延伸到水箱中。水箱大約有4英尺高，所以站在我所在的地方我看不到裡面。我確實注意到了嗡嗡聲，看起來好像有什麼東西在水箱裡被攪動了。我開始走近水箱，就在那時，我的嚮導抓住了我的手臂，粗暴地將我拉到了大廳裡。他告訴我沒必要看罐子裡的東西。那會使事情複雜化。所以我們繼續沿著走廊走，然後他拖著我的手臂進入一個大實驗室。

我很驚訝，因為我以前在實驗室工作過，我看到了以前從未見過的機器。就在那時，我轉身看到一個灰色的小人背對著櫃檯做著什麼。我聽到金屬碰撞金屬的叮噹聲。我只是在為我的手術醫生準備手術器械時才聽過這個聲音。

然後我的嚮導讓我去坐在房間中間的桌子上。我告訴他我不會這樣做，他說如果我能遵守會使情況平順得多。他沒有笑，我很害怕。我不想和這個灰色的外星人待在這個房間裡！

就在我這麼想的時候，一個人類男人進來了。他穿得像個醫生，穿著一件白色的實驗室外套，還有剛才發給我的那種類型的徽章。我的嚮導去迎接他，他們握手。我開始顫抖，我很冷。溫度似乎低得可怕。

我的導遊對我微笑，他告訴我他會在外面等，我只會在那裡待幾分鐘。我開始哭了，我害怕的時候會哭。灰色外星人看著我，轉身繼續他的工作。

醫生要求更多的幫助，就在那時另一個灰色外星人進來了。接下來我知道我非常困倦。我知道我正在接受體內檢查，當我抬起頭時，我看到了這個可怕的灰色外星人正用黑色的大眼睛瞪著我。就在那時，我感到一陣刺痛。我尖叫起來，然後人類醫生站在我旁邊，在我的肚子上擦了一些很冷的東西。

疼痛立刻消退了。我不敢相信這一切又一次發生在我身上。我懇求他們放我走，但他們只是繼續快速工作。他們完成後，我被告知要起床進入這個小房間，換回我的其他衣服。

我注意到血，好像我的月經開始了。但是，我繼續穿衣服，當我出來時，我看到我的嚮導在房間的角落裡和醫生說話。我只是站在那裡……無助。那時刻我感到比我一生中任何時候都更加孤獨。我覺得自己像一隻豚鼠。我們離開那個實驗室後，我沉默了。我很生氣他讓這件事『再次』發生在我身上。但他說這是必要的。叫我忘記。

我看到更多的外星人在大廳裡經過我們。再一次，就好像我是個鬼一樣。我請我的嚮導向我解釋這個地方。他告訴我這是一個非常敏感的地方，我會在接下來的幾年裡再次被帶回來。

我再次問我在哪裡，他告訴我，為了我自己的安全，不能告訴我。然後我們上了小型運輸車，它把我們帶到了另一邊。在那裡，我看到了最令人不安的事情。我看到那些在我看來是各種不同類型的人類，在一個透明的套管狀腔室內靠牆站著。我走近一看，它們看起來『好像』是蠟像。我無法理解我所看到的。我還看到籠子裡的動物。他們還活著……」

此時，「嚮導」護送克里斯塔到電梯並通過各個樓層，隨後中轉車將她帶到等待的外星飛船，在綁架經歷開始大約三個小時後，她被送回了家。

順便說一句，克里斯塔聲稱她自己也經歷過與來自其他世界的像人般生物的接觸。一位名叫「邁詹」（Majjan）的外星人一生都在與克里斯塔打交道，他一直戴著一條羽毛蛇的徽章，這可能是古代瑪雅神靈羽蛇神的象徵。他還聲稱自己的祖先來自阿茲特克（Aztec）和瑪雅（Mayan）種族，居住在加利福尼亞州沙斯塔山（Mt. Shasta）下殖民地的一些「特洛西人」（Telosians）也是如此。

克里斯塔承認，她遇到的類人如昴宿星人（Pleiadians）和天琴座人（Lyrans）（除了她遇到的矮個子和高個子的灰人），他們從嚴格的不干涉主義者到相信征服地球就是征服地球表面或表面之下的感知敵人的一種手段之帝國主義派系。

這可能意味著，正如許多消息來源所聲稱的那樣，「天龍人」在地球表面下維持著地下指揮中心，他們從那裡指揮他們的許多干涉主義者星際活動。

除此之外，克里斯塔．蒂爾頓還回答了一些關於她自己經歷的問題。這些問題和答案如下：

克里斯塔的介紹：自一九八七年以來，她一直在調查地下基地和道西——實際上是世界各地的地下基地……

問：「在你被綁架到道西和其他基地期間，你有沒有看到有人被關押在地下？」

答：「首先讓我聲明，現在有更多證據證明在一九八七年我被綁架時確實存在一個基地（【它發生】在道西戰爭之後大約8年，之後聯合互動停止了兩年時間），【當時】它正在被拆除。很多時候，政府會出於不同的目的建立地下基地，然後將它們關閉，將它們封上，將它們的混凝土或其他任何東西封死，然後繼續在其他地方建造另一個基地。

你問我在被綁架到道西的過程中，我有沒有看到有人被俘虜？我記得我路過時看到了一些人。他們看起來好像處於假死狀態。我走到裝著他們的透明外殼前。我把手放在套管上，然後向他們傾斜身子，看看我是否能得到某種回應。我沒有。我無法辨別他們當時是死是活。他們只是一動不動，我看不出有沒有任何液體。

我認為在這種特殊情況下，套管沒有任何液體。至於我現在被帶到任何其他基地，我不會對此發表評論，因為我仍在研究它。據柯特蘭空軍基地的一名空軍軍官猜測並提供的信息，我和其他一些女性和男性很可能被綁架並帶到柯特蘭空軍基地附近的地下研究設施。

它位於科特蘭空軍基地以南的曼薩諾（Manzano）山脈，當時正在進行核試驗。」

【以下的問題採問答式，問方是布蘭頓，答方是克里斯塔・蒂爾頓】

問：「你的任何外星人或人類聯繫人是否提到了道西戰爭？」

答：「沒有。我在地下接觸到的外星人並沒有和我說話。我接觸過人類，但他們沒有說，他們沒有提到那裡發生的任何戰爭。所以在那個特定的時間，我沒有意識到任何形式的權力鬥爭正在發生。我被帶到那裡只是為了一個我認為的特定目的，一旦完成，我就被趕出了那裡，我認為不會特別向我提供任何類似的知識，不會有什麼理由給我。」

問：「你遇到過什麼樣的爬蟲類動物，如果你曾遇到的話？」

答：我幾乎可以肯定……我根本不相信我曾遇到過任何爬蟲類外星人。我一生中與我聯繫的唯一類型是灰色的小外星人，我稱之為工人。我相信這些是沒有靈魂的存在體，他們是已建立的外星種族的工人。他們被分配了某些家務，某些工作，就像我們為一家大公司工作一樣。我遇到了一些更高的灰人外星人。儘管它們的眼睛又大又黑，但它們沒有那種「爬蟲類」的樣子。

我知道你在說什麼，不，我真的沒有遇到過這些。（當然，從許多其他的說明來看，大多數「灰人」都是基於爬蟲類的克隆，它們吸收了昆蟲類甚至植物類生命形式的其他遺傳基因。從表面上看，他們（尤其是克隆人）確實通常不會出現明顯的「爬蟲類」特徵，這可能是它們最常被用於與地球情報機構「交互」的原因。根據許多消息來源，正在為「已建立的外星種族」工作的灰人是更高與更「蜥蜴類雙足動物」（reptiloid）外貌的物種，包括「白天龍人」（white Draco），它們都居住在六級和七級，克里斯塔不記得她曾進入的級別。」

問：「你知道研究人員可能不知道的任何其他基地嗎？」

答：這是一個很好的問題，真的，因為現在我正在與來自英國的兩個人一起工作。他們是與蒂莫西·古德（Timothy Good）有關的兩位出色的研究人員。是的，我知道有很多很多很多地下設施或基地被用於不同的目的。大多數地下基地被用於秘密目的或涉及政府的其他目的，這些政府正在進行他們認為更安全的某些類型的地下測試。

然後是基地，特別是在亞利桑那州圖森（Tucson）以北的一個基地，我幾乎可以肯定我被帶到了那裡，它以「常綠航空」（Evergreen Aviation）的名義或名稱出現。他們在那裡擁有所有的飛機和一切，但我在十年的研究中發現，這是一個由中央情報局支持或建立的設施。

我離設施非常非常近，不久前我翻過鐵絲網，和我的一個飛行員朋友偷偷溜進去，拍了一些黑色直升機的精彩照片。這些黑色直升機沒有標記。那裡還有其他類型的飛機，所以我們真的相信許多州都有很多基地。我聽說美國幾乎每個州都有基地。現在，我在英國為之工作或共同研究的兩個人，他倆專研究美國和英國的地下基地。

我猜他們聯繫我是因為他們覺得有某種關聯或某種聯繫，並且一起工作並分享信息及了解我們可以找到哪些類型的設施，這些將是一件好事。在他們進行醫學測試的許多設施中，有些是真正的實驗室，例如洛斯阿拉莫斯實驗室。

他們為我們自己政府的黑項目做了大量的秘密工作，所以我們談論的都是地下和地上的裝置，這些裝置正在做我們可能不知道的事情。我們當然會聽到關於正在發生的不同事情的謠言。我敢於猜測的是，這些謠言很可能在大約90%的時間裡被證明是真實的。」

問：「我的信念是，灰人在他們的議程中利用卑鄙的動物或掠奪性本能來增加他們的權力基礎並利用其他文化，並且他們將繼續作為一個集體這樣做，直到他們被武力阻止。我相信一些灰人可能會被人類「馴服」，如果他們可以從集體 HIVE 思想中分離出來，他們就會獲得一定程度的情感個性。您對此有何看法？」

答：「我同意你的大部分觀點……當然，灰人似乎在做類似大規模集體意識之類的事情。我注意到他們一起做事，他們之間幾乎沒有討論。他們似乎在從事項目或某些由上級或更高的外星人和／或人類給予他們的事情。

我真的不能告訴你。我懷疑人類是否能夠在地球上「馴服」任何種類的外星智慧。如果看起來人類確實在灰人之間一起工作，那很可能是因為一項協議或某種類型的政府協議。

我相信這些外星人來到這裡是有原因的，政府中的某些人被他們的上級命令給他們機會與這些〔外星人〕一起工作，也許是為了建立一個單一世界的目的。除非可以向我證明，人類馴服了這些與我並肩作戰或在我身上動手腳的灰人是真的，否則我很難相信。

問：「你有沒有遇到過像 巴尼・希爾（Barney Hill）、亞歷克斯・克里斯托弗（Alex Christopher）、弗拉基米爾・特爾齊斯基（Vladimir Terziski）和其他人所描述的那些納粹類型的外星人，這些外星「法西斯主義者」可以追溯到秘密的納粹飛盤實驗，據稱他們是與灰人一起工作的蜥蜴類雙足動物？」

答：「我聽說過這些納粹外星人。當然，我第一次聽說他們是在一九八七年從 塔・拉維克（TAL LeVesque）那裡。不，我從來沒有接觸過我稱之為納粹型外星人的東西，儘管因為我的大部分經歷都涉及醫學實驗、對我和我女兒的基因實驗，或者家人，我不得不說，這幾乎是……

這很奇怪，因為我是部份德國人，我來自一個最初來自德國的家庭，所以我確實有一些德國血統，但我並沒有偏向任何一方，就作為一個偏執狂而言，如果可能的話，我對所有種族、信仰、膚色的人都非常開放，他們共同努力建立一個美好的世界。但無論如何，不，我沒有遇到過這些納粹分子，我當然聽說過很多關於他們的事，我聽說他們是非常卑鄙的外星人，我不知道他們的議程是什麼……因為我沒有接觸過這些類型我真的沒有理由對它們進行任何研究，對於〔高〕爬行動物也是如此，儘管許多朋友和其他研究人員已經聯繫並告訴我關於爬蟲類外星種族的故事……」

問：「您對未來可能獲得國會支持的道西基地的接管有何看法？如果灰人不投降，您對處理該問題有何看法？」

答：通過我所做的所有研究，以及我多次與研究人員和其他人四處尋找的所有證據，我們現在幾乎是肯定的。我不知道你是否聽說過，你可能聽說過這個謠言，或者認為這是一個謠言。但我現在相信這個基地已經或曾經被遺棄並且不再被我們的政府使用。

出於什麼原因我不確定。我相信這在很大程度上與如果那裡確實發生了軍事行動有關，我們已經找到了證據。我們在我們認為的基地開口之一附近發現了一些用過的軍用彈藥筒。

我們找到了 C-Ration 罐頭，我們找到了政府用於通信的不同類型的天線。這些都是在這些山區發現的東西。如果你去過那裡，你就會知道我在說什麼。這些事情讓我和我的研究夥伴知道，過去那裡確實有某種軍事反應。

我所說的地區，我的研究夥伴居住在該地區，他們聲稱基地的一些開口（opening）已經被混凝土處理並加以鞏固了。現在已經有人這樣做了。所以我們知道某種類型的政府官方公司……我們認為那裡是中央情報局支持的組織……在阿丘萊塔台地地區以北有一個帶有牧場的地區，我們無法追踪或查找擁有該物業多年的個人資訊。居住在該地區或周邊地區的人們告訴我們，該地區有一個著陸帶，有大型塔樓。

我確實進入了該物業（即雷丁牧場），並靠近到足以拍攝這些位於物業上的防彈塔的照片。大約有20個，現在只有5個。我們想知道為什麼他們被帶走，他們被帶到哪裡。

反正我有那些照片。這些不僅僅是消防塔。有些人試圖通過說「哦，這些只是為了讓我們的牧場主可以上塔尋找火苗」之類的東西來解釋它們。

奇怪的是，你走到塔樓，那裡是深黑色的玻璃……你看不到，而且它是防彈的。奇怪的是開口。你無法透過它們進入這些塔。

我們不知道它們是否只是為了展示而放在那裡，我們並不確切知道它們是什麼，但我們相信它們被放在那裡是出於某種原因。我們對此一無所知。多年來，人們目擊到飛機、小型李爾噴氣式飛機進出該地區。

道西鎮上似乎沒有人知道誰擁有那處房產……我的研究夥伴確實找到了20多年前擁有該房產的人，但在那之後它似乎落入了神密人手中。

該物業還有一個看起來像小木屋的東西。你可以走進去，那裡已經被搬空了，裡面什麼都沒有。這種類型的設施或該地區地下基地的正面將是完美的，因為該地區被我們認為曾經被一個電氣圍欄封鎖，他們說這是用來將牛拒之門外的。我們認為它被用於其他目的，因為到處都張貼了禁止擅闖的標誌，這些是你會在51區附近看到的標誌類型，所以我們不得不去想知道那物業裡頭發生了什麼。

不知道大家有沒有看過《人間大浩劫》（THE ANDROMEDA STRAIN）這部電影，我前幾天看了。他們〔在電影中〕去的地下設施位在一個假農場上，他們進入農舍，並進入一個類似工具棚的地方，然後突然間電梯啟動往下走，並一直往下走。最後他們發現了一個巨大的地下生物測試設施。

我必須相信，這些類型的設施遍布每個州。那麼，回到問題。如果發生了軍事接管，那麼它已經發生了，並且基地被關閉了……同樣，那裡沒有證據。一些住在吉卡里拉．阿帕奇（Jicarilla Apache）

土地上的印第安人，這些人非常封閉，他們不與外人交談。我得到的信息只是來自內部消息，我只能告訴你它是來自一個吉卡里拉・阿帕奇印第安人告訴這個在那裡多年的朋友的消息。

他說他要穿過那裡的山區，向上穿過 阿丘萊塔台地，回到山上，沿著一個山壁架走。突然，他感到頭上落下一些泥土。

當然地，如果你在這個荒涼的地方走來走去，感覺有什麼東西落在你的頭上，你的第一反應就是抬頭看。他做到了，他抬起頭，他說他看到的東西嚇壞了他。

他是一個60多歲的男人。這個人抬起頭來，看到……這是他對朋友說的：「我看到一個灰色的生物，黑色的大眼睛在一個山壁架上盯著我看，它看起來像是一塊大石頭被旋轉了出來，從山邊伸出來。」他忽有所悟地移開視線，就像一些人揉著眼睛說：「哦，我只是在看東西」，然後他回頭看了看，又看到了它。

好吧，這一次他說他脫身了，他跑了，他是在為自己的生命而奔跑。他非常非常害怕與驚嚇，奇怪的是說話的這個男人是吉卡里拉・阿帕奇部落議會高層的朋友，但他對他們（指議會高層）隱瞞了這個秘密。」

問：「在被綁架期間，您是否被帶到任何其他行星或星體？」

答：我不知道，但我記得我被帶到了某種巨大的飛船上，它一定是母船。這東西很大，有好幾英里長。我不確定我到底在哪裡。我在那裡時收到了一些指示。那裡有「光人存在」。他們看起來像天使，只是沒有翅膀。他們穿著長袍，我被帶到一個地方，那裡有一個講台和一個老師出來並教導在那裡的人。這些人是人類，當時我沒有看到任何外星人（灰人），所以我不確定我到底在哪裡。

問：「你有沒有看到『桶罐』裡面有什麼？」

答：「不，不是在 道西體驗期間。我開始走向桶罐。它聞起來很臭。這是一種只有我才能辨認出它接近硫磺氣味的氣味。我記得我第一次去醫療區時，我們被邀請到市中心看屍檢，他們在那裡使用的甲醛有一種令人作嘔的甜味，這種氣味很難向以前沒有聞過的人解釋，但我可以說它聞起來很像它。那個軍官，和我在一起的軍人，引導我，不允許我上桶子看裡面。我只能推測那裡有什麼東西可能讓我感到害怕，因為他很快就做出了阻止我的反應姿態。

你問是否有繁殖和飼養桶罐。我相信是這樣，因為根據其他一些看到這些桶罐的女性告訴我的情況，她們中的一些人看到了裡面的人身部件。我看到的那種桶罐是用來繁殖和培養小型外星生物的。我唯一能形容的就是它像一個假子宮。

一個女人在她的子宮裡懷著她的孩子，你說的這些類型的繁殖箱是用來培養胎兒的，這些胎兒被從遭他們綁架並帶到那裡的人身上提取出來。他們像多次對我做的那樣提取胎兒，我相信他們把它放在這種類型的罐子裡，一個看起來像玻璃繁殖罐的東西。」

問：你認為大多數混種對他們所處的位置有什麼看法？

答：這是一個非常好的問題，沒有多少人問這個問題……我自己是一個混種，我覺得我不適應任何地方。直到今天，我仍然覺得我不「適應」。我知道我不適應，我知道我與眾不同，我也不會試圖告訴所有人。我只是接受了它並繼續我的生活，但我可以向你保證，我與之交談過的每一個混種都告訴我，試圖向我解釋他們所感受到的空虛和感受。他們幾乎感覺自己不屬於地球。我當然覺得我不屬於這裡。

問：「如果外部世界掌握了道西技術，並且外星人開始使用它來殖民其他世界生物，這是否能緩解這個星球面臨的人口、經濟、環境和其他問題？」

答：「毫無疑問，我們一直在開展殖民月球、地下以及殖民火星的項目……我與科學家交談過，我與前NASA宇航員交談過，他們毫無疑問地認為這就是正在發生的事情。他們不覺得這與什麼外星人有關，一些宇航員說他們覺得，這只是我們自己開發的一項技術，當然人口是一個你必須提前考慮的問題，而人類本身已經得到了其所有結論。

我認為我們正在使用它，而且我們已經開始了。就像生物圈一樣，很多人認為這只是為了了解我們的生態學和類似的東西，植物、動物等等。我知道那是前題。我知道那裡（地下）發生的很多事情。這也是一個地下設施，它是一個巨大的設施，它是一個很棒的設施。那裡正在測試的技術是外星技術。

當他們開始殖民月球和火星時，所有這些都將被使用。這是現在的兩個「行星」，實際上月球與其說是行星，不如說是地球的衛星，但肯定是從地球到其他地方的墊腳石，這就是那裡（地下）發生的事情，我對它毫不懷疑。我與太多為我們的政府從事秘密或黑項目的科學家交談過，他們說這正是我們正在做的事情。

我真的相信，作為一個民族，我們在地球上生存的時間已經不多了，氣候將發生巨大變化，因此我們必須擁有前往其他地方的技術。這就是許多外星人自己〔很久以前〕所做的。

我相處過的外星人，這些人是來自天琴座（Lyra）的外星人，他們的星球實際上發生了大規模的爆炸。他們不得不撤離並遷移到他們已知其他外星文明已經存在的昴宿星（Pleiadian）星座。

昴宿星外星人有很多不同類型，我不能對那些認為昴宿星人只有一個種族的人強調這一點。一些「我」的族人〔即類人〕也進入了我們的系統並定居在火星上，但那個星球上發生了一些事情，迫使他們進入地下生活。

問：你認為灰人最大的弱點是什麼？

答：我現在可以告訴你，灰人的主要弱點是他們沒有靈魂，他們少了靈魂。不要讓他們告訴你其他情況。

眾所周知，他們中的一些人試圖向他們綁架的人傳授某種類型的（錯誤）宗教哲學，問題是你必須意識到這些外星人有他們自己的議程，我覺得這不是一件積極的事情。所以我從與他們打交道的大部分時間裡發現，他們沒有靈魂，缺少靈魂。

說到我的宗教信仰或背景，我不怕說，我是基督徒，我相信上帝，我相信一個終極存在……上帝，創造了所有，創造所有各種各樣的外星人……人們在整個宇宙中殖民的所有不同的星座……生物，動物，還有我們可能不知道的東西。

當然，我必須相信灰人是，我能描述它的唯一方式是他們是一個空的，空的軀體。在他們的頭骨區域，除了一種先進的技術類型的大腦裝置外，別無他物。否則他們對我們真的沒有用，他們真的沒有用。他們被用來傳授不同的技術並為我們提供信息，但就信任他們而言，我盡可能地不信任他們。」

問：「你認為我們人類最大的優勢是什麼？」

答：「嗯，我們最大的力量是我們對上帝的信仰……我們最大的力量是那種能力……我們與每個種族的唯一聯繫就是我們與那一位至高無上的存在——上帝的聯繫。現在我確實相信上帝在我們歷史的某個時刻看到了需要有人來引導我們進入積極的生活方式，我相信耶穌的誕生是上帝希望我們過我們的日子的一個例子。

我相信天使。我有過幾次近距離的回憶，我只能說這些天使突然出現並救了我的命，所以我只需要相信這些是神〔的僕人〕……他們太棒了。」

8.2 其他見證人的所見所聞

(1) 約翰·安德森的見證報告

最近，研究員約翰·安德森（John Anderson）前往新墨西哥州的道西，看看報導的不明飛行物活動是否屬實。他說，當他到達鎮上時，他看到一個車隊和一輛其上有著麥克唐納-道格拉斯（McDonell-Douglas）迷你實驗室的麵包車在鎮附近的鄉村公路上行駛。

他跟著他們來到一個有圍欄的大院，在那裡等待進一步的發展。突然，六個不明飛行物迅速下降到大院上空，它們盤旋了足夠長的時間，這讓他有機會拍了一張照片，然後它們又飛了起來，消失在視線之外。

後來他在一家商店停下來，告訴店主他拍攝的不明飛行物照片，店主聽了後向他透露他自己曾是一名牛肢解受害者的牧場主。他們的談話被一個電話打斷了。店主叫約翰馬上離開，約翰上車後，就看到一輛神秘的麵包車開到了店裡，一個男人下車走進去。約翰決定離開道西，在他離開小鎮時，兩名男子開車跟著他。

甚至最近，一個研究小組已經前往 阿丘萊塔台地進行地下探測。對這些探測的初步和暫定計算機分析似乎表明台地之下有深空洞。[2]

(2) 吉卡里拉部落警察的見證報告

此報告是二〇一〇年五月通過 MUFON CMS 收到，報告中該名警察回憶起他在新墨西哥州道西的一次外星人遭遇：

80年代中期，新墨西哥州道西：我是一名吉卡里拉·阿帕奇警察局的執法人員。背景：銀城（Silver City）校區的西新墨西哥大學警察科學／法醫主修。

午夜時分我與另一名軍官和調度員一起去值夜班。立即與另一班員警一起去了一個單身女性的家，出發時被告知有一個小生物在她房子裡的床腳下，它帶著一個盒子向她發射了一個像紅光一樣的激光。她顯然被嚇壞了，我確實注意到她家中的一些電氣故障，她的動物、狗和馬都感到不安。整個晚上我都在繼續查看她的情況，有一次在清晨我被叫到她家時，她的房子很黑，當我走進去時，我能聽到她在走廊裡呼救。

我再次被告知她家裡有帶亮光的訪客，那裡似乎異常安靜。在她家裡或附近地區都找不到其他人。清晨，當太陽升起時，我開車到她家進行檢查，我注意到大約15碼外她家以西的灌木和樹木有一些移動。

我仍然不明白我可能看到了什麼，但不久之後，當我走出我的單位時，三艘橢圓形飛行器呈大約有三間臥室大小的三角形飛行模式，從一些杜松樹後面升起，距離只有30碼。它們無聲無息的起飛，然後射出一盞明亮的白光，慢慢地向東朝著新墨西哥州查瑪（Chama）的方向前進，它慢慢升高其高度。

同來的另一位警官和調度員也見證了這一點。作為一名警官，我對幫助那些尋求幫助但在她需要的時候卻無法幫助和保護她的人感到完全無助。今天仍然困擾著我。[3]

除了克里斯塔等人的見證有助於對外星人綁架及地下基地的較多理解，下一章將出場的布蘭頓想必也將引起讀者的廣泛注意，因為他對道西基地的外星人之存在與行事動機展現了其獨特見解。前文曾提到布蘭頓在一九八八年探訪道西及他在道西基地前安全官托馬斯．卡斯特羅失蹤前一年對其訪問的事，這些對布蘭頓的ＵＦＯ資歷及其在ＵＦＯ圈內的名望可算是極大的加分，特別是對卡斯特羅的訪問。原因是在布蘭頓之前及之後ＵＦＯ圈中沒有任何其他人能有機會訪問到卡斯特羅，而若無卡斯特羅的曝光道西基地的黑幕，世人將永遠無法知道道西設施內外星人與影子政府聯合殘害人類及嚴重侵犯人權的真相。下文就來聊聊布蘭頓究竟是何許人及他對所謂道西地下基地的探尋。

據上文，克里斯塔提到她曾在道西基地內見到桶罐內的人體部位，可見她曾到過第七層級，這是外星人的生物材料儲存區，除了第七層，基地尚有六層，每層各有其特殊用途，這真是一個藏匿在神秘地方的神秘基地。下章就來談談這個神秘地方的概況。

註解

1. Carlson, Gil. Secrets of the Dulce Base: Alien Underground, Wicked Wolf Press, 2014, pp.48-61
Also see: https://www.bibliotecapleyades.net/branton/esp_dulcebook25.htm
The Dulce Book: Chapter 25
Danger Down Under - The Christa Tilton Story
2. Ibid., p.101
3. Ibid., pp.103-104

第⑨章

曝光道西基地秘密計畫——不為人知的外星陰謀

道西（Dulce）是新墨西哥州北部一個沉睡的小鎮，位於科羅拉多州與新墨西哥州的邊界上。在一九八〇年代，道西人口約僅為900人。它位於吉卡利亞·阿帕奇（Jicarilla Apache）印第安人保留地內，海拔七千英尺以上。當時只有一家主要的汽車旅館和幾家商店。它不是一個度假小鎮，也沒有熙熙攘攘的活動。

在一九七〇年代中後期，道西周圍地區報告了大量動物殘割事件。動物被用於環境測試和對人的心理戰。新墨西哥州警官加布·瓦爾迪茲（Gabe Valdez）被召喚到道西以東13英里的曼努埃爾·戈麥斯（Manuel Gomez）牧場上調查一頭被殘割的母牛時，被捲入了道西的神秘事件之中。戈麥斯在一九七六年至一九七八年六月期間因殘割而失去了四頭牛，當時包括湯姆·亞當斯（Tom Adams）[1]在內的一組調查人員從德克薩斯州巴黎（Paris）趕來牧場檢查牛屍體。在一九七五—一九八五年期間，戈麥斯牧場失去了17頭奶牛，相當於一九九九年的十一萬五千美元。

對人的綁架其發生時間更早，自一九五〇年代後期開始即陸續發生了許多綁架事件。在維吉爾

「波斯蒂」阿姆斯特朗（Virgil “Posty” Armstrong）所著的《阿姆斯特朗報告：外星人和不明飛行物：他們需要我們，我們不需要他們》一書中，他報告了他的朋友（鮑勃和莎倫）如何在道西過夜並離開出去吃晚飯。他們無意中聽到一些當地居民公開和大聲討論外星人（ET）為了實驗目的綁架鎮民。外星人正在從道西的普通民眾身上帶走不情願的人類豚鼠，並在他們的頭部和身體上植入設備。鎮民們感到害怕和憤怒，但由於ET得到了我們政府的了解和批准，鎮民們並不覺得有任何追索權。[2]

在一九七九年至一九八三年期間，MJ-12越來越明顯地發現事情沒有按其計劃進行，被綁架的人數（數以千計）比官方綁架名單上列出的要多得多。此外，眾所周知，一些，雖不是全部，而是一些國家的失蹤兒童被用於製作外星人所需的分泌物和其他部分。

布蘭頓（Branton）等數人於一九八八年四月十九日抵達道西，拜訪了加布・瓦爾迪茲，並詢問有關該地區地下外星人基地的目擊事件、殘割和謠言。他們參觀了戈麥斯牧場、納瓦霍河（Navajo River）畔的道路和雄偉的阿丘萊塔台地（Archuleta Mesa）。加布在殘割牛體附近發現了著陸軌道和履帶痕跡，他因此確信阿爾伯克基（Albuquerque）迅雷科學實驗室的東主保羅・本尼維茨（Paul F. Bennewitz, 1927-2003）在他試圖於道西附近尋找一個地下外星人設施的過程中其做法絕對是正確的。[3]

9.1 充滿迷霧的道西地區

一九九〇年三月，日本的日本電視台（Nippon Television）在道西做了一個2小時的特別節目，根據報導，他們的記者多方嘗試，但找不到基地。他們正在尋找「生物遺傳學實驗室」，他們相信在那裡他們會找到偽裝成外星人的「超維度實體」。

曾任民間情報中心（Civilian Intelligence Central）主任的美國活動家早川弼生（Norio Hayakawa）與電視台工作人員一起，聲稱採訪了道西地區的許多人，他確信10到15年前那裡發生了一些事情。例如夜間看到的奇怪燈光，以及大量軍用吉普車和卡車，以及由CIA型人員駕駛在該地區遊蕩的豪華轎車。

早川說，他確信在四個角落地區（亞利桑那州西南部、新墨西哥州西北部以及科羅拉多州西南部和猶他州東南部）正在發生一些「神秘」的事情。這些神秘事情的產生可能都與一個不能見光的條約有關。

一九五四年，一直繞赤道飛行的外星人種族（高灰人）降落在霍洛曼空軍基地（Holloman AFB）。他們說他們的星球正在死去，他們需要在地球上找個住處進行基因實驗，以使他們的種族得以生存；而互惠條件就是他們提供某些技術給對方。

艾森豪威爾總統會見了外星人並簽署了正式條約（格林納達條約（Grenada treaty））。條約規定外星人不會干涉我們的事務，我們也不會干涉他們的事務。我們會保守他們在地球上存在的秘密；他們會為我們提供先進的技術。他們可以出於醫學檢查和監視的目的在有限的基礎上綁架人類，但規定人類不會受到傷害，將被送回綁架點，並且人類對事件沒有記憶。

艾森豪威爾總統還同意外星人基地將建在地下，位於猶他州、新墨西哥州、亞利桑那州和科羅拉多州四角地區的印第安人保留地下方。另一個將在內華達州被稱為S—4的地區建造，該地區位於51區以南約7英里處，被稱為夢境（Dreamland）。白宮軍事辦公室組織和保管了一個數十億美元的秘密基金，據稱其目的是為總統和工作人員建造秘密地下場所，以防軍事襲擊。

根據秘密行政備忘錄 NSC5410，艾森豪威爾成立了一個名為至尊十二（Majority Twelve, 或簡稱 MJ–12）的常設委員會，負責監督和開展與外星人的所有秘密活動。其中包括聯邦調查局局長埃德加·胡佛（J. Edgar Hoover）和被稱為「智者」的外交關係委員會的六位領導人，以及後來來自三邊委員會的其他人。其中包括（老布希）喬治·布希（George H. W. Bush）、戈登·迪恩（Gordon Dean）和茲比格涅夫·布里津斯基（Zbigniew Brzezinski）。

至尊十二委員會的一項重大發現是，外星人利用人類和動物作為腺體分泌物、酶、激素分泌物和血液的來源，並進行了可怕的基因實驗。外星人將這些行為解釋為他們生存所必需的，稱如果他們的基因結構沒有得到改善，他們的種族將不復存在。

執政當局決定資助外星項目的一種方式是壟斷非法毒品市場。當時一位雄心勃勃的年輕外交關係委員會成員被接洽。他的名字叫喬治·布希（即老布希），他當時是德克薩斯州薩帕塔石油公司（Zapata Oil Co.）的總裁兼首席執行官。薩帕塔石油公司正在試驗海上石油鑽探，並安排將藥物從南美洲用漁船運到海上平台，然後通過正常運輸轉運到美國海岸，避免了海關人員的搜查。該計劃比任何人預期的都要好，今天中央情報局控制了世界上大部份的非法毒品市場。毒品錢被用來資助地下深處的外星人基地。[4]

早川本人也許未敢相信格林納達條約的存在，但從50年代之後美國境內地下生化基地的數量及遭綁架人數皆有可觀增加的情形看，格林納達條約的存在不能僅僅用荒唐兩字來搪塞。

早川是二〇〇九年道西會議的組織者和主持人。該活動在最佳西方吉卡里拉旅館（Best Western Jicarilla Inn）舉行，演講嘉賓包括前 道西牧場東主 埃德蒙·戈麥斯（Edmund Gomez）；格雷格·畢曉普（Greg Bishop），他是《Beta 計劃》一書的作者；ＵＦＯ研究員克里斯・奧布萊恩（Chris O'Brien）；前道西警官霍伊特・維拉德（Hoyt Velarde）；和邁克爾・薩拉（Michael E. Salla）博士，他是《揭露美國政府對外星人政策》一書的作者。

這樣看來道西地區的神秘是更可疑的了，這一切是否與該地區地下基地的存在有關？下文就來談談是否真存在道西地下基地這檔事？又若它存在，究竟該處發生了什麼駭人之事，後來竟然有些人為了曝光該處信息而導致精神失常、失蹤、甚或遭謀殺？本章主題的邁娜・漢森（Myrna Hansen）母子的綁架案或可能直接與道西基地有關，這個案件之所以重要是因它是首宗（可能也是全國唯一的）受害者母子倆親自目睹母牛遭外星人劫持與殘割的案件，此案同時也涉及 Beta 計劃的啟動者保羅・本尼維茲。然而在進入該課題之前，擬先用點篇幅談談牛體殘割（cattle mutilations）與黑色直升機的關係。有一些文件揭示了外星人的所作所為：這些外星人使用從牛身上提取的血液作為營養。他們似乎吸收了原子來吃。他們把手伸進血裡，樣子有點像海綿，以獲取營養。但他們想要的不僅僅是食物，牛和人類的ＤＮＡ正在被改變。因此之故，牛體殘割就不是什麼奇怪之事了。

9.2 牛體與人體殘割

一九六三年年中，德克薩斯州哈斯克爾縣（Haskell County）發生了一系列牲畜襲擊事件。在一個典型的案例中，發現了一隻安格斯公牛（Angus Bull），它的喉嚨被割破，胃裡有一個碟子大小的傷口。當地居民將襲擊歸咎於某種野獸，即所謂的消失的「狐猴」（varmint）。隨著謠言在整個哈斯克爾縣繼續蔓延，一個注定經久不衰的新名字，「哈斯克爾流氓」（The Haskell Rascal）出現了。

在接下來的十年中，有一些零星的報告提及類似的襲擊牲畜案件。一九六七年，這些罕見的報導中最突出的是在科羅拉多州南部的馬在斯尼皮（Snippy）被肢解死亡的案子，它同時伴隨著不明飛行物和不明直升機的報導。一九七三年和一九七四年，大多數經典的肢解報告起源於美國中部。一九七五年，一場史無前例的猛攻席捲了整個美國西部的三分之二。殘害報告在那一年達到頂峰，它們大都附有不明飛行物和不明直升機的描述。一九七八年，襲擊事件有所增加。到一九七九年，加拿大發生了大量牲畜殘割事件，主要發生在艾伯塔省（Alberta）和薩斯喀徹溫省（Saskatchewan）。此時，美國的襲擊事件一度趨於平穩，但在一九八〇年，活動再次增加。自那一年以來，殘割的報告減少了，儘管這可能部分是由於牧場主和農民越來越不願意報導殘割。殘割事件今天仍在繼續，僅在美國就有超過一萬隻動物死亡，儘管殘割在世界範圍內發生，但圍繞殘割的情況始終相同。

一九九七年一月十二日凌晨二點十五分左右，前警官（化名）彼德羅．維埃拉（Piedro Viera）從卡瓜斯（Caguas）驅車前往毗鄰埃爾雲雀國家森林（位於波多黎各）南部邊界的30號公路烏馬考（Humacao），突然看到天空中一道亮光，從艾雲雀（El Yunque）的方向而來，越來越大，直到出現了一個翻騰的碟子形狀的物體。「它走近了，直到它離我大約200碼，然後停了下來，」他告訴蒂莫西．古德。「所以我把車停在路邊，那裡有一些奶牛在牧場。」

它的直徑約為150英尺，有大約12到15個方形燈或窗戶。一道藍綠色的錐形光束從飛船上落下，將兩隻奶牛罩住，其中一頭被懸浮並飛向飛船。那頭牛在離飛船底面大約五英尺的地方突然消失了。隨後，飛船開始向著烏馬考方向緩慢移動。

維埃拉試圖跟踪其卡車上的圓盤。就在這時，一輛黑色的4×4皮卡車駛了過來，兩個身穿黑色軍裝、戴著帽子的男子走了出來，命令他關掉引擎，至少在原地停留10分鐘。「為什麼？」維埃拉問道。「只要留在原地，讓我們繼續我們正在做的事情，」對方回答說。男人們回到他們的皮卡車上，跟著飛船走。15分鐘後，維埃拉繼續他的旅程。很快，他看到了一頭婆羅門（Brahman）牛躺在路邊，和他之前看到的一頭差不多。「它顯然是從上面掉下來的，因為它的兩條腿嚴重骨折，」他解釋道。「沿著側面大約有五道筆直的切口，一個向上延伸到胸部，臀部有一個圓形孔。但幾乎沒有血……」作為一個誠實的見證人，維埃拉給蒂莫西・古德留下了深刻的印象。甚至在豪爾赫・馬丁發表他的故事之前，他就開始受到威脅，這種威脅持續了一段時間。他確信這些威脅來自美國聯邦特工。[5]

在「黃皮書」中可以找到與這些殘割相關的藥物聯繫。我們發現，隨著人類科學家對長命的秘訣——長壽（Longevity）的了解，知道長壽的主要基礎是人體細胞的調理或恢復能力。當他們的細胞無法恢復時，任何人都會變老，並且開始他們的退化和死亡過程。

總之，長壽的秘訣在於細胞的修復。而這可以使用：

・改變腎上腺素（Adrenalin），

・改變去甲腎上腺素（Noradrenalin），

・氯苯胺（Cordrazyne）或皮質醇（Cortropinex），（有時僅使用 Formazinye 和 Hyronalinx，請閱讀「失落的章節」以獲取有關這些和更多藥物的更多信息）。

所有這些藥物都以腎上腺素為基礎，腎上腺素是在人腦中產生的。在60年代，科學家們發現它們可以從牛腎上腺的髓質部分合成，但他們需要大量的它們才能合成上述藥物的一小部分。當然，人類科學家試圖發現新的應用和新的合成藥物，以調養細胞，尤其是腦細胞，並且恢復人體組織，及提高人類的心理和身體技能。

外星人（我們專門談論 里格爾人（Regelians））的主要興趣當然是與人類進行繁殖，他們需要牛的組織，因為它們在遺傳水平上擁有與人類相同的卡龍細胞（carron cells）。所有切口將由複製人（Replicas）、克隆人（, Clones）或機器人（Androids）製作。外星人可以派遣團隊並獲取他們需要的材料，無論在哪里或多少都無關緊要。如果他們需要它，他們就拿走。這意味著里格爾人不是吸血鬼，或者他們需仰賴它才能生存，而只是屬於需要材料進行實驗的不道德的科學家。

以下是約翰．李爾（John Lear）於一九八七年十二月二十九日發表的公開聲明，並於一九八八年三月二十五日修訂，其內容涉及人類殘割與 MJ-12 的起始對策：

在一九七三年至一九八三年期間普遍存在的割牛行為，通過報紙和雜誌公開報導，並包含在 琳達豪（Linda Howe）為丹佛 CBS 附屬公司 KMGH-TV 製作的紀錄片中，它們是專門因為外星人收集這些組織而報導的。殘割包括切除生殖器，切除直腸至結腸、眼睛、舌頭和喉嚨，所有這些都以極其精確的方式通過手術切除。在某些情況下，切口是通過在細胞之間切割形成的，這一過程還不能在現場進行。在許多肢解中，三個屍體中根本沒有發現血液，且內臟器官沒有血管塌陷。

這在人類殘害中也注意到了，其中第一個是一九五六年在白沙導彈試驗場的喬納森．洛維特（Jonathan P. Lovette）中士，當時一名空軍少校在０３００時目睹了他在尋找導彈碎片射程時被一個圓盤狀物體綁架，三天後才被發現。他的生殖器已經被切除，眼睛被切除，所有的血液都被移除了，沒有血管塌陷。從一些證據可以明顯看出，在大多數情況下，當受害者、動物或人類還活著時，這種手術就已經完成了。

根據前綠貝雷帽（Green Beret）指揮官比爾・英格利希（Bill English）的說法，這一事件在絕密的怨恨／藍皮書報告（Grudge / Blue Book Report）第13章中也被提及，該報告從未與其他無害且大量的藍皮書計劃報告一起發布。

屍體的各個部位被帶到各個地下實驗室，其中一個位於新墨西哥州的小鎮道西附近。目擊者報告說，大桶裡裝滿了琥珀色的液體，裡面有部分人體被攪動。

在最初的雙方協議之後，全國最秘密的測試中心之一格魯姆湖（Groom Lake）被關閉了大約一年，大約在一九七二年至一九七四年之間的某個時間，並在ＥＢＥ的幫助下建造了一個巨大的地下設施。「討價還價」的技術已經到位，但只能由ＥＢＥ自己操作。不用說，即使需要，先進的技術也不能用來對付ＥＢＥ本身。[6]

9.3 大欺騙與 MJ-12 的初期運作

在一九七九年至一九八三年期間，MJ-12 越來越明顯地發現事情並沒有按計劃進行。最初外星人每隔幾個月就會向相關政府機構提供200名左右的名單，但據發現，被綁架的實際人數已達數千人，它比官方綁架名單上的人數多得多。此外，一些，不是全部，而是一些國內的失蹤兒童被用於外星人所需的分泌物和其他部位。

到一九八四年，MJ-12 一定對他們在與ＥＢＥ打交道時所犯的錯誤感到極度恐懼。他們巧妙地宣傳了「第三類近距離接觸」和「外星人」，讓公眾習慣於「長相奇特」的外星人，這些外星人富有同情心、仁慈，非常像我們的太空兄弟。MJ-12 向公眾出售了ＥＢＥ，現在面臨的事實恰恰相反。此外，一九六八年制定了一項計劃，在未來20年內讓公眾了解地球上外星人的存在，並最終在一九八五—一九八七年期間發行幾部紀錄片。這些紀錄片將解釋ＥＢＥ的歷史和意圖。「大欺騙」（Grand Deception）的發現使MJ-12的整個計劃、希望和夢想陷入了徹底的混亂和恐慌。所謂大欺騙指的是ＥＢＥ聲稱創造了基督之事，詳情見《外星人傳奇——首部》。

MJ-12成員在鄉村俱樂部會面，這是一個帶有私人高爾夫球場、舒適的睡眠和工作區的偏遠旅館，以及配備有專門為MJ-12成員建造的私人飛機跑道，這是一場關於現在該做什麼的派系鬥爭。MJ-12的一部分想向公眾承認整個計劃及其所造成的混亂，請求他們的原諒並請求他們的支持。MJ-12的另一部分（大多數）認為他們無法做到這一點，這種情況是站不住腳的，用可怕的事實來刺激公眾是沒有用的，最好的計劃是繼續開發一種可以在戰略防禦計劃（ＳＤＩ）的幌子下用於對抗ＥＢＥ的武器，該計劃與防禦進入的俄羅斯不明導彈沒有任何關係。當時氫彈之父愛德華・泰勒博士（Dr. Edward Teller）和基辛格博士、海軍上將鮑比・英曼（Admiral Bobby Inman）和可能也包括海軍上將波因德克斯特（Admiral Poindexter）等人都是MJ-12的現任成員。[7]

在大欺騙（見下文說明）被發現之前，MJ-12按照周密的計劃向公眾計量發布信息，他們製作了多部紀錄片和錄像帶。更多有關MJ-12與外星人的密聞來自威廉・摩爾（William Moore）的透露。摩爾還擁有更多的水瓶座（Aquarius）文件，其中幾頁在幾年前洩露出去，詳細說明了直到最近才被他們否認的超級機密國安局（ＮＳＡ）項目。威廉・摩爾是加利福尼亞州伯班克（Burbank）的一名ＵＦＯ研究員，他撰寫了《羅斯威爾事件》——這本書於一九八〇年出版，詳細介紹了ＵＦＯ與四具外星人屍體的墜毀、回收和隨後的掩飾。其中述及有兩個新聞記者採訪一位與MJ-12有關聯的軍官的錄像帶【摩爾從未發布過錄像帶，但聲稱他正在與一家主要網絡進行談判……「很快」。】。這位軍官回答了有關 MJ-12 的歷史和掩飾、回收一些飛碟以及是否存在活著的外星人的問題、（他遭捕獲並被命名為 EBE-1，另兩名活著的外星人是 EBE-2 和 EBE-3，他們被關押在新墨西哥州洛斯阿拉莫斯的一個指定為 YY-II 的設施中。這種類型的唯一其他電磁安全設施位於加利福尼亞州莫哈韋（Mojave）的愛德華茲空軍基地）。這位軍官還說出了前面提到的人以及其他一些人的名字（他們都是 MJ-12 的現任和過去成員）：哈羅德．布朗（Harold Brown）、理查德．赫爾姆斯（Richard Helms）、弗農．沃爾特斯將軍（Gen. Vernon Walters）、JPL 的艾倫博士（Dr. Allen）和西奧．範．卡曼博士（Dr. Theodore van Karman）。

該官員還提到了 EBE 聲稱創造了基督的事實。EBE 有一種記錄設備，它記錄了地球的所有歷史，並能以全息圖（hologram）的形式顯示出來。這個全息圖可以被拍攝，但由於全息圖的運作方式，在電影膠片或錄像帶上並不是很清楚。據稱，橄欖山（Mount of Olives）上的基督被釘十字架已被拍成電影向公眾展示。EBE 聲稱創造了基督，此等「大欺騙」可能出於不確定的原因破壞了傳統價值觀的努力。

據稱存在的另一段錄像帶是對 EBE 的採訪。由於 EBE 以心靈感應方式交流（通過類似靈能水晶收發器的植入物，將灰人連接在一起，形成一個大規模的集體蜂巢思維——布蘭頓）。一名空軍上校擔任翻譯。就在一九八七年十月最近的股市調整之前，包括比爾．摩爾在內的幾位新聞記者被邀請到華盛頓特區，在類似的採訪中親自拍攝 EBE 並將影片分發給公眾。顯然，由於市場的調整，人們覺得時機並不好。在任何情況下，將外星人告知公眾似乎是一種奇怪的方法，而這與一個恐嚇組織的行為是一致的。[8]

據以下約翰．李爾公開聲明的附錄（後來加入），一九八三年當大欺騙被發現時，MJ-12（現在可能被指定為 PI-40）開始研究一種武器或某種裝置，以遏制現在已經完全侵擾我們社會的ＥＢＥ。該計劃是通過ＳＤＩ資助的，巧合的是，該計劃大約在大欺騙被發現的同一日期啟動。在過去的四年裡，所有參與者都做出了瘋狂的努力。該計劃於一九八七年十二月以失敗告終。[9]

另一位消息人士就李爾的說法添加了以下聲明：「51區……以及新墨西哥州道西附近的類似設施，現在可能屬於不忠於美國政府甚至人類的勢力，這太可怕了，我們認為在聯合互動基地為我們工作的所有科學家實際上都是由外星人控制的。」

不管你聽到什麼，ＳＤＩ已經完成了……擊落來襲的飛碟。錯誤的是我們認為他們正在【從太空】入境。事實上，他們已經在這裡了。他們遍布在各地的地下基地。似乎外星人在我們不知情的情況下建造了許多這樣的基地，在那裡他們對動物、人類和他們自己設計的臨時生物進行了令人髮指的基因實驗。

因此誕生了 EXCALIBUR 計劃。新聞報導將 EXCALIBUR 描述為一種武器系統，旨在摧毀深埋的蘇聯指揮中心，雷根政府虛偽地將其描述為破壞敵方穩定。我們有完全相同的中心。李爾聲稱該武器實際上是針對內部外星人威脅的。不幸的是，訪客入侵我們的方式並不止一種。[10]

最後值得一提的是，李爾自稱他的匿名情報線人直奔頂層，此外其信息也來自保羅．本尼維茨，琳達豪（Linda Howe），羅伯特．柯林斯（Robert Collins），克利福德．斯通中士（Sgt. Clifford Stone），特拉維斯．沃爾頓（Travis Walton）。

9.4 神秘的黑色直升機

在對殘割行為進行徹底調查的過程中，很快就會發現問題特定要素的相關性。這指的是在動物遭殘割場址的大致空間和時間內出現未標記和其他身份不明的直升機，它的經常發生已經足以超過巧合。

這些神秘的直升機幾乎總是沒有識別標記，或者標記可能看起來已經被塗上或被什麼東西覆蓋了。據報導，直升機經常在異常、不安全或非法的高度飛行。如果目擊者或執法人員試圖接近，他們可能會迴避。

有幾個關於直升機乘員的攻擊行為的描述，目擊者被追逐、嗡嗡作響、盤旋在空中甚至被開槍射擊。有時，這些直升機出現在離動物被肢解的地點很近的地方，甚至盤旋在後來發現被肢解的屍體的牧場上。它們可能會在肢解發生之前或之後不久，或在肢解發生後的幾天內被觀察到。

此處的目的只是強調神秘直升機的發展並不是與動物殘害本身同時發展的。這種沒有標記、低空飛行、無聲或聽起來像直升機的直升機多年來一直被報導，並且與更普遍的現象「幻影」（Phantom）固定翼飛機有關。答案可能是上述解釋的組合。

也有人猜測他們（指直升機當局）參與了化學或生物戰的生物實驗，或者對石油和礦藏的地質植物學進行研究。有一次，在一個肢解現場發現了一把陸軍標準型手術刀。由於磁盤主要與殘割有關，因此認為這是一個牽制的事件。事實上，外星人和美國政府都應對殘割負責，但原因不同。[11]

涉及神秘直升機的情況似乎更加陰險。一個很好的例子是一九七六年六月至十月發生在蒙大拿州麥迪遜縣（Madison County）的事件。在該期間發生了22起經證實的牛殘割事件，伴隨著整個縣的報告稱，無聲、無標記、烏黑的直升機、空中和地面附近閃爍或穩定的異常亮光、無標記的固定翼飛機和偏遠及以前無法接觸地區的白色貨車。

在這一時期的後期，即一九七六年的初秋，一天下午三點左右，一位來自蒙大拿州博茲曼（Bozeman）的獵人在諾里斯（Norris）附近的紅山（Red Mountain）地區獨自逗遛。他眼睜睜地看著一架沒有標記的黑色直升飛機從頭頂飛過，消失在一座小山丘下。好奇的獵人爬上了山頂。望眼山坡地上有一架黑色直升機（他推想是貝爾的 Jet Ranger），引擎還在運轉。七個人顯然已經從飛行器上下來，正朝向觀察者走上山坡。

獵人見了，遂向七人走去，並一面揮手致意。就在那時，他意識到這些人身上有些東西，他們都是東方人。他們長著斜眼，橄欖色的皮膚，用一些難以辨認的語言互相交談。他們穿著「日常」的衣服，而不是制服。突然，他們開始返回直升機。獵人還在揮手和發出友好的問候，跟在他們後面。東方人加快了步伐。當獵人在五六英尺之內接近時，他們突然擠進直升機並起飛。

在英格蘭有記錄的「神秘直升機」浪潮中，它記載著東方人的乘客被置於身份不明的直升機中。多年來，斜眼、橄欖色皮膚、看起來像東方人的居住者一直是ＵＦＯ中心和外圍的主食。大量臭名昭著的「黑衣人」（MIB）有著相似的外表，但他們通常被視為非常蒼白和憔悴的男人，對光線敏感。

造成肢解或直升機鏈接的最突出的推測性解釋包括以下內容：

- 直升機本身就是不明飛行物，偽裝成陸地飛行器。
- 直升機來自美國政府或軍隊內部，直接參與進行實際的肢解。

・直升機是政府或軍隊所擁有，沒有參與殘害，但正在調查它們。

・直升機是政府或軍隊所擁有，他們知道殘害者的身份和動機，並且通過他們的存在，他們試圖將注意力轉移到軍方參與的可能性上。

也有人猜測他們參與了化學或生物戰的生物實驗或石油和礦藏的地球植物學研究。有一次，在一個肢解現場發現了一把軍用標準型手術刀。由於飛盤主要與肢解有關，因此人們認為這是一個轉移事件。[12]

在小灰人佔領期間，他們在世界各地，尤其是在美國，建立了相當多的地下基地。一個這樣的基地（以及同一州的其他基地）位於 阿丘萊塔台地（Archuleta Mesa ）之下，大約是新墨西哥州道西西北2.5英里處。一九七九年，出事了，基地暫時關閉。據信還有四個相同類型的附加設施，其中一個位於內華達州格魯姆湖東南幾英里處。

有關道西基地的詳細信息有兩個來源，其中一個來源是一名被綁架婦女和她的兒子，他們目睹了一隻小牛被綁架以提取生物材料。該案例發生在一九八〇年五月的新墨西哥州北部。一位母親和她的兒子在 西馬龍（Cimarron）附近的一條鄉村公路上開車時觀察到兩艘飛船正在綁架一頭小牛。然後他們兩人也接著被綁架並乘坐單獨的飛船前往地下設施，該女子目睹了小牛被肢解。據稱，她還觀察到裝有漂浮在液體中的牛身體部位的大桶，以及另一個裝有男性屍體的大桶。這名婦女接受了檢查，並進一步聲稱小型金屬物體被植入進她的身體以及她兒子的身體。

不止一個消息來源告訴我們，電腦斷層（CT）掃描儀掃描證實了這些植入物的存在。通過對母子的回歸催眠和後續調查，確定了地下設施的位置：新墨西哥州道西附近的 吉卡里拉・阿帕奇印第安人保留區（Jicarilla Apache Indian Reservation）的阿丘萊塔台地之下1公里處（自一九七六年以來，該地區是美國受牛肢解影響最嚴重的地區之一）。據稱，該設施是作為美國政府與ＥＢＥ之間正在進行的合作計劃的一部分並聯合運營的。柯特蘭空軍基地和霍洛曼空軍基地以及包括英格蘭本特沃特斯（Bentwaters）在內的世界各地的許多其他基地也有地下基地，其中最著名的就是位於科羅拉多州與新墨西哥州交界的道西地下基地，詳情見下文說明：

9.5 布蘭頓與道西地區的探訪

來自據稱的GRUDGE／藍皮書報告第13章的信息，外星基地存在於猶他州、科羅拉多州、新墨西哥州和亞利桑那州的四個角落地區。6個基地於一九七二年被描述為都位在印第安保留區，並且都位在四個角落地區。道西附近的基地就是其中之一，還有加利福尼亞、內華達、德克薩斯、佛羅里達、緬因、喬治亞和阿拉斯加等州的基地。[13]

道西基地的地下設施據說是一個遺傳學實驗室，通過地鐵穿梭 系統 與洛斯阿拉莫斯相連。他們的部分研究與輻射的遺傳效應（突變和人類遺傳學）有關。它的研究還包括其他智能物種（外星生物生命形式「實體」）。在一九五〇年九月，為美國國防部和與美國國防部及美國原子能委員會合作編寫，並在洛斯阿拉莫斯科學實驗室的指導下的修訂版《原子武器的影響》一書中，我們了解到如何將基地完全地下安置是可望的。第381頁：「在地下施工和運營各種重要設施顯然沒有根本性困難。這些設施可以放置在合適的現有礦井中，也可以為此目的挖掘場地」。

話雖如此，但關於道西地下基地 是否真正存在的問題，仍然眾說紛紜，有人說它絕對存在（如本尼維茲等人），有人說它不存在，理由是他並未能發現地下基地出入口或與之伴隨的異常活動，二〇〇一年出版的《水下和地下基地》一書作者理查德．索德（Richard Sauder）博士就是屬於這類人。他說：「我兩次訪問了道西地區，卻沒有發現任何跡象表明那裡有一個地下基地。我也沒有看到任何其他研究人員堅不可摧的證據或文件，明確表明那裡有秘密的地下基地。」又說：「同樣，在亞利桑那州塞多納（Sedona）及其周圍的紅色岩石地區也被廣泛傳聞為地下秘密隧道和地道的龐大建築群的所在地。……就像當我訪問新墨西哥州道西時發生的事情一樣，我什麼也看不見。在我看來，沒有跡象表明存在有地下迷宮般的隧道和秘密基地。我從未見過任何武裝或威脅性的士兵。」[14]

為了驗證本尼維茲所報導的事情（他的諸多關於柯特蘭空軍基地與道西附近地區的異狀觀察詳情見後續出版的書）是否屬實，及出於對「道西地下基地」的好奇，布蘭頓於一九八八年組織了一支七人（包括他自己）探險隊，赴本尼維茲宣稱的「外星人基地」所在的阿丘萊塔山（Mount Archuleta）了解真相，該山位在阿帕契印地安人保留區（Apache Reservation）內，參加人員包括：[15]

(1) 加布．瓦爾迪茲（Gabe Valdez）

加布．瓦爾迪茲是新墨西哥州的公路巡邏州警，被分配到牲畜殘骸和不明飛行物目擊現場，從一九七〇年代早期到一九八〇年代晚期他都一直負責道西地區，他於二〇一一年八月六日在阿爾伯克基（Albuquerque）的住所去世。

一九七六年，加布．瓦爾迪茲成為研究遍及全美的牲畜致死之謎的主要調查者之一。一九七五年加布．瓦爾迪茲報告說，他在道西外的田野裡遇到了一具殘缺不全的牛屍體。瓦爾迪茲說，他在牛體內發現了一個胎兒，他形容它看起來「像一個人、一隻猴子或一隻青蛙。它的頭部沒有任何骨頭。全是水。」他說他所看到的看起來像是「一個克隆生物的孵化室」，就像據稱是在地下深處進行的實驗一樣。發現屍體後，瓦爾迪茲聲稱他在家中發現了竊聽器，他並報告了UFO目擊事件。他聲稱道西有四個地下基地，現在都處於非活動狀態，但他不相信那裡有任何外星生物。他說他相信他看到的不明飛行物不一定是外星飛行器，而是高度先進的隱形軍用飛機，包括無聲的黑色直升機。他還透露，他對軍方在基地的研究有深入了解，但因不明原因無法透露。瓦爾迪茲是否暗示他的發現揭示了政府進行的一些奇怪的生物實驗？[16]

基於多年的調查後瓦爾迪茲聲稱，政府最有可能對從一九七五年左右開始發生的屠牛事件負責。他聲稱，在一九六七年發生在道西西南約22英里的地下核爆炸（Gasbuggy 項目）之後，政府可能在幾年後開始定期監測某些牛的輻射水平。

瓦爾迪茲還表示，政府利用高科技設備在道西地區「上演」了幾起不明飛行物事件，例如全息（holographic）圖像投影原型以及類似「飛碟」的無人駕駛飛行器或遙控平台。瓦爾迪茲認為，生物戰實驗是在道西進行的，政府炮製了「不明飛行物／外星人」的故事，掩蓋了該地區的各種黑項目。

基於瓦爾迪茲在新墨西哥州警察局的工作，當他調查發生在新墨西哥州道西鎮外的戈麥斯牧場上的牛殘骸時，他與保羅·本尼維茨建立了密切的友誼，後者後來成了政府授權的大規模虛假宣傳活動的主要對象，該活動起源於新墨西哥州阿爾伯克基的柯特蘭空軍基地。本尼維茨的悲慘故事導致了新墨西哥州道西附近據稱的地下外星人基地的不可思議故事。

(2) 埃德蒙・戈麥斯（Edmund Gomez）

埃德蒙・戈麥斯是牧場主，他的牧場位於道西以西13英里處。從一九七五年直到一九八三年，戈麥斯牧場是新墨西哥州北部／科羅拉多州南部地區大部分牲畜殘割的現場。他告訴布蘭頓，他的家人在111年前對道西地區進行了家園耕作，由於殘割牛，他們在八年中損失了10萬美元的牛隻。這些案件之一就發生在他家後方200碼處。他向布蘭頓展示了該處。

(3) 約翰・吉爾（John F. Gille）博士

約翰・吉爾博士是法國國民，擁有巴黎大學數學／物理博士學位。他與法國政府就該國的ＵＦＯ現象進行了非常密切的合作。他還發布了關於澳大利亞愛麗絲泉（Alice Springs）西南方約11哩的松樹峽（Pine Gap）附近另一個道西式基地的報告 。這個基地是羅馬俱樂部（Club of Rome）經營的大型多層次設施，與畢德堡（Bildeberger）組織一樣，據說它也是巴伐利亞光明會（Bavarian Illuminati）的掩護組織之一。布蘭頓曾提到以下一則與松樹峽設施相關的事情，而這牽連到銅的使用，事情原委如下：

托馬斯・卡斯特羅在接受布蘭頓採訪時說，道西基地內銅的主要用途之一是遏制磁流，磁鐵在該基地的每個位置都被廣泛使用。臭名昭著的大桶內部襯有銅，外部牆壁則覆蓋有不銹鋼。攪拌液體的機械臂是由銅合金製成。銅的其他用途包括一些轉基因生物的飲食需求。有幾間特製的牢房或房間，首先用鉛建造，然後用電磁鋼覆蓋，最後再覆以銅。正是在第四層的那些牢房中，包含了活的「聽覺本質」。這個本質就是布蘭頓所謂的（被捕獲的無形的）靈魂或……「星體」（astral body）。

布蘭頓說，這可能與某些遠程觀看「星探」（remote-viewing astral spies）的報告有關，這些人聲稱他們「投影」到了諸如新墨西哥州道西或澳大利亞松樹峽之類的地下設施中，與這些星體限制區域有近距離接觸，遭捕獲並在經過超靈敏電子設備「審訊」後被釋放。在另一個案例中，一名澳大利亞遠程觀看者正在探查松樹峽設施，在那裡他還「看見」了另外三名星體間諜。這些星體間諜之一被這樣的密閉場俘獲了，這確實使他感到不安。這個名叫羅伯特（Robert）的遠程觀察者還看到了灰人和爬蟲人在松樹峽的地下更深層做事，以及看到了一些像是被捕獲的北歐人，這些人似乎對被囚禁在那裡並不十分高興。[17]

以上說法未必危言聳聽，被綁架者報告說，外星人可以通過窗戶玻璃進入他們的房屋和穿透過被綁架者的身體。托馬斯．卡斯特羅在訪談中表達其個人意見說：「外星人已經掌握了原子物質。他們可以像我們穿過水一樣穿過牆壁。這不是魔法，只是物理學。我們可以學習做同樣的事情。它與隨意控制原子有關。」[18]

(4) 傑夫和馬特．瓦爾迪茲（**Jeff and Matt Valdez**）

加布．瓦爾德茲的兩個兒子。

(5) 曼努埃爾．戈麥斯

埃德蒙．戈麥斯的兄弟。

上文提到的布蘭頓並不是真名，目前尚不知道布魯斯．艾倫．沃爾頓（Bruce Alan Walton）是在什麼時候取了「布蘭頓」的名字，但可確定的是他是出於對生命的恐懼而這樣做的。這個人引起我極大興趣是因其膽大及迴異傳統的觀點，再加上詳實及大部份言而有據（雖未必能證實）的資訊。

從一九九〇年代初開始，布蘭頓編寫了一本名為「DULCE BOOK」的書及「THE DULCE WARS」。布蘭頓最早的著作是為雜誌撰寫的文章《The Hollow Hassle》，它涉及地下奧秘和失落的文明。布蘭頓也是多本書的作者，例如《A guide to the Inner Earth》（地球內部指南）、《The Omega Files》（歐米茄檔案）和《Reptilian Humanoids〔Home-Subterreptus〕Case Files》（爬蟲類人形生物案件檔案）等。

布蘭頓已經知道了關於外星人／人類共謀的某些細節，這些細節先於我們人類歷史的所有傳統觀點，而這些共謀者會不擇任何手段地保持事情隱密。對於此等秘密社會，謀殺永遠是一種選擇。

儘管布蘭頓不安地感到自己很容易成為黑暗力量的攻擊目標，但布蘭頓還是設法將他的現實版本從一九九〇年代中期開始在互聯網上發布。他的帖子被稱為「布蘭頓檔案」（Branton Files），並被公開譴責為「高幻想」，其中充斥著複雜而令人費解的陰謀論。以下關於布蘭頓的介紹是根據專欄作家——肖恩·卡斯蒂爾（Sean Casteel）的網路文章，其內容未能包括布蘭頓的詳細學經歷是一個遺憾：[19]

《全球傳播和內部照明出版社》（Global Communications and Inner Light Publications）的首席執行官蒂莫西·格林·貝克利（Timothy Green Beckley）從來沒有退縮過，他出版了布蘭頓的一些書，其中包括《道西戰爭：地下外星人基地與地球之戰》和《莫哈韋沙漠（The Mojave Desert）的神秘秘密》，這兩書都對布蘭頓的研究和他所經歷的生活事件進行了詳盡的論述。此外，貝克利還出版了布蘭頓的《歐米茄檔案（The Omega Files）：揭露納粹不明飛行物的秘密基地》一書。

布蘭頓於一九六〇年九月七日出生，生活在洛基山脈西部基地附近的一個大家庭。在他長大後，他開始不信任有組織的宗教，他覺得很早以前它就被一種共濟會的「病毒」感染了，這種病毒可以追溯到號稱「撒旦」的墮落天使路西法（Lucifer）。

布蘭頓簡單地回顧了他被各種秘密的、新共濟會的所謂的「新時代」邪教組織引誘的悲慘歷史，這些邪教組織用心智控制策略操縱其成員，甚至使年輕的信徒在邪教組織的更深層次上進行不正當的騷擾儀式。他承認，感染了這種精神毒藥後，他成年後就引起了許多精神和情感問題，就像所有性騷擾的受害者一樣。

同時，通過「合法的」基督教形式尋求逃脫只會使布蘭頓更深地陷入邪惡的魔掌中。他覺得自己被邪惡的一個人「使用」，並且對周圍的人造成傷害。但是在脫離寄生的黑暗王國之前，他能夠了解它的許多更深層次的秘密和內部運作的一些細節。他了解，將這種黑暗暴露在真理的光明之下，從而幫助其他人擺脫陷阱將會毀了他一生，但這是他的責任，也是他的個人風險。

當他試圖克服小時候被外星人綁架及隨之而來的體內植入物時，他最初認為敵人是寄生在他身上的吸血鬼。但隨著時間的流逝，他後來才知道最終的罪魁禍首是一群爬蟲類外星人，這些爬蟲類外星人來自我們這個世界的外部和內部，他們收集了許多願意在許多不同的秘密社會工作的信徒。他說，正是布蘭頓對耶穌基督的信仰引導他走上了逃離撒但和他的僕從之路，並且讓他警告整個世界或至少一小部分世界關於他所發現的危險的世界。

以上數段文字扼要說明了布蘭頓在年輕時節思想轉變的過程，他曾受傳統基督教洗禮，但最終反叛了傳統教會。且因身內植入物（按：是否真有植入物未能驗證？）的緣故，他竭力發掘爬蟲人的陰謀。

布蘭頓的出版商貝克利在《莫哈韋沙漠的神秘秘密》的開篇頁面中添加了一段內容，他在其中概述了布蘭頓鮮為人知的地方。

貝克利寫道：「顯然發生了某種事情，這導致了這一轉變（並導致布魯斯．沃爾頓將他的名字改成了布蘭頓）。」所有這些都以現在已經轉變的布蘭頓意識到他曾經是中情局的「沉睡者」而達到頂峰。根據關於點點滴滴的故事，布蘭頓偶然發現了一些他本不應該知道的信息。據推測，他被賦予了另一種個性，該個性被編程為服務於他的ＣＩＡ／黑計劃經理和巴伐利亞／灰人集體組織。在這種交替或「雙重生活」中，他可以進入多個地下基地，而且顯然隨著時間的推移，他也遇到了幾個外星人群體。甚至據說他在體內的不同位置被放置了數種異物植入物，而在大多數情況下不只是一個。」

貝克利繼續說道，「多年來我一直沒有收到布蘭頓的來信，而且我不認識其他任何人。上次交談時，布蘭頓發生了一起路邊事故。當有人撞到他並在高速公路上將其撞飛時，他正在他的自行車上騎車，離他的公寓不遠。那些容易發出陰謀論的人聲稱，車窗被染成黑色，而汽車則由「新世界秩序」（NWO）的代表以可怕的 MIB（Men-In-Black 的縮寫）的形式駕駛。此後不久，他遇到了「當局」的麻煩，最終陷入了困境（按：這應指布蘭頓於二〇〇九年被判重罪之事）。從那以後，再也沒有關於布蘭頓或布魯斯．沃爾頓的報導。」

布蘭頓據稱給英國陰謀理論家戴維．伊克（David Icke）的一封信中透露，他認為伊麗莎白女王和許多其他備受矚目的權威人士，事實上是偽裝成人類的爬蟲類外星人。

布蘭頓寫道，「總體上，這些爬行動物雜種通常會過雙重生活，涉及雙重人格：一種在外部世界過著『正常』生活，而另一種則在夜間與地下異族社會息息相關。對於『受託管』的人和『雜種／被綁架者』尤其如此。我相信我就是這樣的雜種。」

布蘭頓在致伊克的信中繼續寫道：「在大多數主要城市下，特別是在美國，存在著由共濟會／混種人／外星人『精英』控制的地下對應『城市』。通常，地表／地下終端位於共濟會小屋、派出所、機場和聯邦大樓下方。舊世界和新世界的共濟會／混合精英階層故意建立了一些主要的人口中心，以方便人們進入已經存在的地下設施，其中一些設施已有數千年的歷史了。這些子城市還提供了在表面上運作的有組織犯罪集團的近距離接觸的機會。他們發展了經濟科學，通過多層次的稅收、通貨膨脹、昇華、操縱、監管、罰款、費用、執照以及由聯儲局和華爾街經營的整個債務信貸騙局，從字面上將我們變成了奴隸。」

他繼續寫道：

「德科拉族（dracs）通過全球經濟和電子控制系統，從搖籃到墳墓一直持續控制著我們，，我們必須團結起來，形成國際抵抗，並真正入侵地下系統，開始『踢屁股並奪走敵人的生命』為止」[20]

關於以布蘭頓的名字提供的所有資料與觀點，最初，布蘭頓是該特定個人的代號。但是，隨著時間的流逝，其他「調查員」也加入了他的行列，尋求真理，隨著所有人開始交換信息，他們逐漸了解了更大的真理。那時，他們開始以「布蘭頓和群組」的身份在互聯網上傳播信息。如今，這些信息通常只是用「布蘭頓」簽名，指的是具有相同目的的整個匿名調查員網絡，目的是揭示有關地球上外星人存在的真相，以及美國政府在其中扮演的角色。

應當指出，《布蘭頓檔案》中的許多信息都是「荒唐的」和「牽強的」，尤其是在得出結論和對某些事實的解釋時。儘管如此，它確實包含大量「原始資料」，這些資料提供了大量的事實和數據，並附有值得參考的資料。[21]

據稱沃爾頓從塔爾．李夫斯克（Tal Levesque，aka, TAL or Jason Bishop）獲得了大部分信息，其中一些來自約翰．李爾（John Lear），一些來自瓦爾．瓦里安（真名：約翰．格雷斯）（Val Valerian（real name: John Grace））。

關於布蘭頓的最新消息，二〇〇一年五月，布蘭頓在猶他州普羅沃（Provo）騎自行車時被汽車撞倒。他被一架 LifeFlight 直升機送往鹽湖城的 LDS 醫院，情況危急。他頭部受傷，臉上有幾處骨折。他的家人說，由於頭部受傷，布蘭頓恢復緩慢，並且患有持續的認知問題。

塔爾．李夫斯克聲稱布魯斯．沃爾頓於二〇〇九年在猶他州因重罪被監禁，[22]（按：據網路消息，他於二〇〇八年六月二日犯下聯邦二級重罪），兩年後被釋放出獄，從此在UFO圈中不見其形跡，據稱他目前已不在人間。上文雖然談了不少布蘭頓的故事，但大部份都是根據專欄作家肖恩．卡斯蒂爾（Sean Casteel）的報導，遺憾的是其中缺乏布蘭頓的確實工作經歷（如曾為何種政府機構或公司工作？擔當何種職務？或自營企業？），因此，布蘭頓的一生始終朧罩著一層迷霧。

以下是布蘭頓關於道西地下基地真相探訪的描述：

「一行人於一九八八年十月二十三日（星期日）一四三〇小時（即下午二點半）動身出發，他們使用加布的四輪卡車上山。他們獲得部落總部（Tribal Headquarters）的許可，而能通過烏特保留區（Ute Reservation）上山。在一九五一小時（即下午七點五十一分）。我們所有七個人都看到了以非常高的速度來自西北的非常明亮的光體。該物體看起來像是飛旋鏢形狀，中心下方有一個非常明亮的光（有人宣稱這些飛旋鏢形狀的飛行器可能與稱為『另類3』的超秘密黑預算空間行動有某種聯繫）。光線是明亮的白色，藍色和綠色。隨著它的接近，它減慢了傳輸速度。當它停下來時，迴旋鏢的兩端散發出似乎是火花的花灑，然後它又開始向前移動，並以很高的速度消失在視線之外。所有這些發生在大約10到15秒內。

大約二千二百小時（即下午十點），我們爬到了阿丘萊塔山（Mt. Archuleta）的頂峰並觀看了大約一個半小時。我們可以在月光下看到峽谷的對面。保羅．本尼維茨聲稱在此峽谷壁上有一個『外星人』基地，並在夜間看到他們的飛行器進出懸崖壁上的洞穴。在我們停留在山頂上的過程中，我們在懸崖上的山壁上看到了兩道非常明亮的光，其位置剛好在保羅所說的基地開口的確切位置。懸崖上沒有路，光會突然出現，然後在一段時間內逐漸消失，直到看不到它們為止。這時，我們還聽到了聽起來像是無線電傳輸的聲音。聲音是無法理解的，但它們仍然在那兒。當我們坐在懸崖上時，我和埃德蒙．戈麥斯看到了相同的光暈模式……大約〇一〇〇小時（即凌晨一點）。我們也聽到了聲音。有一次我們以為是卡車在走動，但我們對此不確定。

一九八八年十月二十四日星期一，整個團隊再次爬到阿丘萊塔山頂峰。我們一直在尋找證據，想探查一九八三年美國空軍將軍駕駛的一架實驗飛機墜毀。報紙上報導這起墜毀的事故是一架小型飛機，然後消息就被掩蓋了。謠傳這架飛機是美國人抓獲的不明飛行物（UFO）。我們希望證明確實發生了墮毀，而且還希望找到一些實物證據。本尼維茲報導說，這艘飛船在下降時撞斷了一棵大樹，又撞上了另一棵樹後，它重新恢復了高度，掠過了阿丘萊塔山的山頂，撞到了山頂北部山谷中的第三棵樹。然後據報導它撞到了地面，翻了兩次，然後停下來了。我們發現了本尼維茲報導的樹木，它們彼此一致，並且也找到了飛機最後的安息之地。第一棵樹的直徑約為40英寸。它在離地面約30英尺之處被擊中，沒有起火。我已經採集了這棵樹的樣本進行分析。其他兩棵樹的直徑較小，約為12至20英寸。這些都有著火的證據。〔我們〕還採集了這些樹木的樣品。

所謂的墜毀區域顯示出一個大的半圓形區域，周圍有新植被。半圓形區域上方的區域被新植被覆蓋，〔我們〕還對該區域的土壤進行了採樣。不幸的是，當最終土壤分析出爐時，沒有發現任何結論。我確實知道，我們發現並看到的證據顯示這一區域肯定正在發生一些事情。」[23]

再者，上文提到邁娜·漢森在遭綁架獲釋後，她首先會見求助的人就是保羅·本尼維茲。本尼維茨基於自身的觀察，他對牲畜殘割和不明飛行物的現象感興趣。實際上，本尼維茨在對道西基地進行長時間的科學觀測後，他所獲悉的真相即使最具求知態度的科學工作者都不應輕忽。這些真相曝露了什麼？

註解

1. 湯姆·亞當斯是UFO研究員，他與本書要角克里斯塔·蒂爾頓（Christa Tilton）於一九八七年結婚，於一九九一年離婚。湯姆逝於二〇一四年。
2. Dulce Base. https://ufo.fandom.com/wiki/Dulce_Base
3. Branton (aka Bruce Alan Walton). The Dulce Wars: Underground Alien Bases & the Battle for Planet Earth. Inner Light / Global Communications, 1999, p.88
4. "The Dulce Base" by Jason Bishop III. In Timothy Green Beckley, Sean Casteel, Tim R. Swartz,

Dulce Warriors: Aliens Battle for Earth's Domination. Inner Light/Global Communications (New Brunswick, NJ), 2021, pp.67-68

5. Timothy Good, Alien Base – The Evidence for Extraterrestrial Colonization of Earth. Century (London) Random House UK Limited (London), 1998, pp.537-538
6. John Lear's Incredible Dulce theories – And Beyond – Way Beyond! In Timothy Green Beckley, Sean Casteel, Tim R. Swartz, Dulce Warriors: Aliens Battle for Earth's Domination. Inner Light/Global Communications (New Brunswick, NJ), 2021, pp.141-142
7. Ibid., pp.142-143
8. Ibid., pp.143-145
9. Ibid., p.149
10. Ibid., p.150
11. Carlson, Gil, Blue Planet Project: The Encyclopedia of Alien Life Forms, Wicket Wolf Press, 2013, pp.26-27
12. Carlson, Gil. The Yellow Book. Blue Planet Project Book #22, eBook, 2018, pp.83-85.
13. Carlson, Gil, 2013. Blue Planet Project: The Encyclopedia of Alien Life Forms, Wicket Wolf Press, pp.17-18
14. Sauder, Richard, Ph.D. Underwater and Underground Bases: Surprising Facts the Government Does Not Want You to Know! Published by Adventures Unlimited Press (Kempton, IL), copyright 2001,

2014, pp.58-59
15. Branton, The Dulce Wars: Underground Alien Bases & the Battle for Planet Earth. Op. cit., p.18
16. Gaia Staff, September 15th, 2017. WERE THE DULCE MILITARY BASE WARS REAL? https://www.gaia.com/article/is-there-proof-of-aliens-inhabiting-the-dulce-secret-air-force-base
17. Bruce Walton (aka Branton), Interview With Thomas Castello– Dulce Security Guard. In Beekley, Timothy Green, Christa Tilton, Sean Casteel, Jim McCampbell, Dr. Michael E. Salla, Leslie Gunter, Bruce Walton. Underground Alien Bio Lab At Dulce: The Bennewitz UFO Papers. Global Communications (New Brunswick, NJ). 2009, p.124
18. Ibid., p.120
19. Who is Branton ? by Columnist: Sean Casteel, Posted on Thursday, 10 March, 2016 https://www.unexplained-mysteries.com/column.php?id=292422
20. Ibid.
21. http://www.exopaedia.org/Branton
22. Personalities behind the initial Dulce base rumors August 29, 2016 CIVILIAN INTELLIGENCE NEWS SERVICE https://noriohayakawa.wordpress.com/2016/08/29/enigmatic-personalities-behind-the-initial-dulce-underground-base-rumors/
23. Branton, The Dulce Wars: Underground Alien Bases & the Battle for Planet Earth. Op. cit., pp.19-21

懷念

編著：此章節的內容是作者完成此書的原因之一。

我寫此懷念，有些人不免覺得奇怪。原因是懷念的一般對象都是人，特別是親人或熟朋友，而鮮有以寵物為對象的，但偏偏此文的懷念對象是兩貓一狗的三隻寵物。

一九九七年末兒子從加州大學伯克利分校畢業後回到家裡。數日後在未與我們打招呼的情況下，竟從一位同校同屆畢業的女性朋友處帶回來一隻金黃色、中長毛髮的小公貓。

小貓僅約兩個月大，外表異常活潑可愛，兒子說小貓的名子叫赫克（Herc），它是取自希臘神話中一位傳奇大力士的名子，我們平時暱稱它為「咪咪」。第二天早晨我放咪咪到外頭透氣。數小時後我聽到門外傳來「喵」的一聲，開門一看，咪咪已經端正地坐在門口等候進來。

該日黃昏，我又放咪咪到外頭遊蕩，大約九時左右我聽到外面傳來貓打架與尖叫的聲音，急忙開門到前院。見咪咪身子彎成弓狀，站立於左側圍牆的牆頭，狀似氣極。它見我欲攬它下牆，瞪眼朝我發出怒吼聲。我心知它被鄰居的大貓欺侮了，於是不理會它，轉身回到屋內。誰知不旋踵功夫，咪咪也跟隨我腳後，從尚未完全彈回的車庫側紗門溜進了房子。從此有十五年的時間（直到它嚥氣）除了一個晚上因故未返（後文說明），它天天於晚上九時之前返回屋子。

咪咪個頭長得很快，大約一年半光陰，它已長成大塊頭身子。與身子一起長大的是它的領地意識愈來愈強。一天下午，我聽到外頭傳來門鈴聲音，開門後見一婦人劈頭就說：「對不起，我的狗咬了你的貓兒了。」我忙問：「咋回事？」她於是說了以下一段情節：

「該日下午，她帶了一條大狗溜過我家門口人行道，當時咪咪正蹲坐在人行道側小矮樹旁。正晒太陽的咪咪見狗兒靠近，以為它侵犯其領域，遂擺出張牙舞爪姿態。大狗見了二話不說，猛地衝前張開巨口，咬住咪咪。她見了忙喝令狗兒鬆口，咪咪脫身之後，縱身躍上後面側門上緣，一吱溜走了。」

婦人最後留下聯繫電話，並說若貓兒有任何身體傷害，她願賠償醫藥費。該日直到黃昏時分咪咪都沒有返家（事實上直到該日晚上九點也未見回來），我到處敲鄰居的門，探詢貓兒是否有躲在其後院，但得不到結果，心想咪咪可能受到極度驚嚇，在哪兒躲藏了。不料第二天清晨，我打開前門正擬跨步出去，一眼瞥見眼前一隻金黃大貓端正地坐於門口，正朝著屋內觀望。推想它可能早於前一日深夜即已回來坐等開門，但不知什麼緣故，卻不發出聲音，這是咪咪十五年的生涯中，唯一沒有於當天晚上九點前返家的一次。

咪咪喜歡與人互動，每有客人來訪，它必跳上客廳沙發或坐於我膝蓋，靜聽著大夥聊天。平時當我呼喚它名子，它會發出喵！喵！的回應，並一面快速朝我跑過來。

二〇〇三年夏，女兒因工作變動，從聖不魯諾（San Bruno）的自有公寓搬到聖荷西（San Jose）的出租公寓，她只好將飼養的一隻小貓委由我們照顧。這隻名為阿蒂娜（Athena）的小母貓是一隻灰黑色、短毛的歐洲種，初來到我家時其年齡尚不足半歲。

我家是一棟面對寬大（住宅區）馬路的大宅子。前院有大面積草坪及一排環繞房子的玫瑰，這很適合貓的脾性，夏日裡它們喜歡躺佯在花木欉間，享受習習涼風；冬日則更離不開前院的溫熙暖陽。

初來的隔日早上，我開門放阿蒂娜外出認識環境，它跨出前門後，一面往前慢行，一面不時回頭觀望房子，似乎生怕離此一步就回不了家似的。放了阿蒂娜外出之後，我有事外出，一會兒之後從外頭回來，赫然見前門紗網與背後鋁條之間卡住了一隻貓。原來阿蒂娜在外頭遊蕩了一會兒之後，回頭準備進入房子，卻無人為它開門，而它因年幼，不懂得在門外坐等開門。情急之下，躍上紗門，欲強行進入，身子遂被卡住而動彈不得。我見了，急忙為它解圍。

阿蒂娜平時很安靜，一度我以為它是啞巴貓。不料數日之後，它餓了，跑到康妮（我妻子）腳跟旁輕亨數聲，其聲揉合與稚嫩，真透著一股貓小妹的韻味。阿蒂娜喜歡爬高，且有能力爬高。推測它可能因身體較瘦小，僅約5～7磅（在其晚年階段大皆維持在5磅），故能躍上較大的高度。例如初來我家的前數日，它因懼怕咪咪，故夜間同住車庫時它常躍上天花板以避其鋒（按：雄貓一般有領地意識，它不喜歡與其他貓共享領地，特別是針對同性別的貓）。

不久之後，阿蒂娜與咪咪混熟了，兩隻貓情如兄妹，經常同進（房子）同出（房子）。在外頭它們自然是各玩各的，這是貓的天性。有一次我與康妮到舊金山會見朋友，該日回來晚了，待返抵家門時已深夜11時。這時赫見咪咪與阿蒂娜並排坐於門口，等候開門。

阿蒂娜喜歡爬高，這有時會帶給我些許困擾，特別是它有時會藉圍牆或牆邊的高樹爬上屋頂。但上去容易下來難，我經常聽到從屋頂邊緣傳來的貓叫聲，出去一看，原來是阿蒂娜在屋頂發出的求救聲。這時我只好拿著梯子接它下來。但它見了我卻又一滋溜地往後退。我嘗試再三皆如此，只得無功而返。豈料一會兒之後，它就出現在門口等開門了。

二〇〇七年女兒為了增加生活情趣，收養了一隻名為周瑜（Zoi）的純種矮腳母狗（Welsh

Corgi）。初見面時我正在廚房吃早餐，忽然聽到門外女兒的講話聲，接著忽聞椅後傳來一聲清脆的狗吠聲。我猛一回頭，見一隻大頭無尾、毛色棕黃的小矮腳狗，正搖頭恍腦地朝我直吠，看到它的怪樣子我差點笑得噴飯，這是我與周瑜的初次見面。自此之後因女兒公寓不允許養狗，周瑜即常來我家蹲點。

周瑜的性情溫順，初來時僅有三個月大，其成長後的重量約為20～24磅（它經常維持24磅），而咪咪約為11～13磅。三隻小動物雖然出身不同，重量也各異，但除初來之際貓對狗略具排斥，隨後的日子它們相處融洽，從無爭吵，彼此就像一家人。

咪咪是我此生飼養的第一隻貓，對於如何養育貓，從一開始我就走了歧路。例如我給幼貓的主食是罐頭（雞肉及牛肉），而副食是硬粒，且直到其晚年也是如此，甚至未更換成高齡罐頭（只因咪咪不喜歡吃它）。以上的吃食可能導致咪咪於晚年被驗出罹患腸癌的原因。它此後食量漸減，體重也逐日減輕，走路慢吞吞，再也看不到從前的活力，後來它甚至無法動彈。回想過去年輕的它能一躍數尺，一掌拍下金頭蒼蠅的雄姿，今昔對比反差如此，令人噓吁。這段困難時期正直冬天，我常將咪咪安排在前院窗台下享受曦陽，它偶而因無法忍受體內之痛而發出不尋常的嚎叫，其聲悽厲至今難忘。

二〇一三年二月某日，我將咪咪安置於廚房爐前鋪有毯子的地板上，讓其休息，自己則坐在客廳窗旁的電腦前處理一些資料。忽然聽到廚房傳來一聲貓叫聲，其音調如昔。我以為咪咪的病情好了些，於是回應它一聲後繼續工作。此後十數分鐘我再無聽到任何動靜。心中不放心，於是走到廚房探視。赫然發現咪咪兩眼睜大，身子蜷縮在毯子外的地板上。我往前摸觸其身子，知道咪咪已無心跳。原來剛才那一聲貓叫，竟是在向我做最後的道別。

咪咪走後，由於周瑜平時大皆跟著女兒一起生活，阿蒂娜頓感形單影孤。它每天的日子雖落寂，但仍維持老習慣，常過馬路到對街去找其貓朋友。二〇二一年夏的某日（這時阿蒂娜的健康已走壞），住對街街尾轉角處的一位美國老太太有一次忽然衝出來對抱著阿蒂娜散步路過她家的康妮說，「喔！這是你的貓嗎？就是這隻貓經常夥同隔壁的黑白貓在我們車庫窗口旁張望。」原來老太太在車庫裡養了五隻貓，但一直不放它們外出。推想阿蒂娜當時夥同其朋友來探視另一批不幸失掉自由的朋友，而剛好被老太太看到了。說話間，老太太的先生因好奇也跑出來聽，他倆異口同聲地說：「這貓兒太可愛，我們以為它是流浪貓，曾想收養它哩！」「好險！阿蒂娜差點進了監牢。」聽了康妮的述說後心裡暗暗叫道。

夏日裡阿蒂娜常躺佯在後院享受涼風與花香，晚上則準時九點前進車庫休眠。它每日少量多餐，罐頭（後期吃高齡罐頭）與硬粒都吃，身材保持勻細，性情不慍不火，從不與左鄰右舍的貓兒爭吵。

時間進入二〇二一年，此時阿蒂娜已18足歲，行動較遲緩，食量也減少，為了避免它過馬路發生危險，康妮經常在其頸項繫一細繩，讓它在門口的椅子上休憩。一月份某日，我聽到阿蒂娜在屋內叫個不停，這與其平時的安靜有異，我以為它無病呻吟，用手輕拍了一下它的頭，意思是叫它不要吵。它又叫，我再拍了一下其頭，此後它不再吵了。殊不知這是阿蒂娜身子出了問題（後來經獸醫檢驗才知到）的癥象，它因病痛才發出叫聲，渴望得到幫助，而我竟因無知而制止其求救。

第二天，阿蒂娜安靜了一日。第三天它與康妮坐在門口晒太陽時趁著後者進屋幹事的一剎那，奮力掙脫了拴於頸項的小細繩，逃走了。我生怕冬日裡阿蒂娜無吃無喝，恐怕挨不了一個晚上，隨即在附近街道的電線桿上遍貼尋貓啟事。第四天100公尺之外隔街的一位美國鄰居傳來email，稱她在看到我貼的啟事前撿到了一隻啟事中形容的貓，因見其身體不佳，已立馬將其送到最近的人道組織（Human Society）。得到通知後我立即請住在該組織附近的女兒去將阿蒂娜接返家。

隨即我們帶阿蒂娜去見獸醫，此後更小心安排其食物。縱然如此其健康卻是日走下坡，身子越來越輕，經常僅能維持約5磅或不到。二〇二二年一月，阿蒂娜的身體更差，食量甚少，幾乎無法自己吃東西，此時瘦到僅剩約3磅。這月份的某日（星期日）早上約十點半，我趁著阿蒂娜在門口晒太陽之際，用注射筒為它灌食，忽然它吐出剛灌入的液體，同時尿液也一起拉出。康妮急忙將它安置在椅子上，此時見它雙眼大睜，已然離世，此時距其19歲生日僅差二星期。

數日後的晚上十點女兒傳來另一厄耗，已罹肺癌多時的周瑜由於無法自主呼吸，她已決定當下帶它到聖荷西的動物醫院進行安樂死的緊急處理。至此十數年來與我們常相為伴、生活中帶來不少歡樂與回憶的三隻小動物終於逐個離我們而去。它們的遺骸（骨灰）在動物醫院私人服務的幫助下，各被放入一個寫有動物姓名（都姓廖）及生死年份的精緻小棺木。目前咪咪與阿蒂娜的小棺木就安息在家中客廳，它們仍然像過去一樣，常相為伴，周瑜的小棺木則放在女兒處。

三隻小動物雖然不在這個國度了，但願此後它們能在另一個彩虹國度永恆與快樂地生活在一起。

國家圖書館出版品預行編目（CIP）資料

外星百科全書：跨出地球的第一步 / 廖日昇著. -- 初版. -- 新北市：大喜文化有限公司, 2022.12

面；　公分. --（星際傳訊；STU11103）

ISBN 978-626-95202-8-2（平裝）

1.CST: 外星人 2.CST: 太空科學 3.CST: 奇聞異象

326.96　　111019387

星際傳訊 STU11103

外星百科全書

跨出地球的第一步

作　　者：廖日昇
發 行 人：梁崇明
出 版 者：大喜文化有限公司
封面設計：大千出版社
登 記 證：行政院新聞局局版台省業字第 244 號
P.O.BOX ：中和市郵政第 2-193 號信箱
發 行 處：23556 新北市中和區板南路 498 號 7 樓之 2
電　　話：02-2223-1391
傳　　真：02-2223-1077
E-Mail：joy131499@gmail.com
銀行匯款：銀行代號：050　帳號：002-120-348-27
　　　　　臺灣企銀　帳戶：大喜文化有限公司
劃撥帳號：5023-2915，帳戶：大喜文化有限公司
總經銷商：聯合發行股份有限公司
地　　址：231 新北市新店區寶橋路 235 巷 6 弄 6 號 2 樓
電　　話：02-2917-8022
傳　　真：02-2915-7212
出版日期：2022 年 12 月
流 通 費：新台幣 380 元
網　　址：www.facebook.com/joy131499
I S B N：978-626-95202-8-2